电子电气信息类专业系列教材

>>>> 王 伟 刘 罡 编著

光电显示技术实践教程

U0197916

江苏大学出版社
JIANGSU UNIVERSITY PRESS

镇 江

图书在版编目(CIP)数据

光电显示技术实践教程 / 王伟,刘罡编著. — 镇江:
江苏大学出版社,2020.12
 ISBN 978-7-5684-1448-7

Ⅰ. ①光… Ⅱ. ①王… ②刘… Ⅲ. ①显示-光电子
技术-高等学校-教材 Ⅳ. ①TN27

中国版本图书馆 CIP 数据核字(2020)第 237154 号

光电显示技术实践教程
Guang Dian Xianshi Jishu Shijian Jiaocheng

编　著/王　伟　刘　罡
责任编辑/张小琴
出版发行/江苏大学出版社
地　　址/江苏省镇江市梦溪园巷 30 号(邮编:212003)
电　　话/0511-84446464(传真)
网　　址/http://press.ujs.edu.cn
排　　版/镇江市江东印刷有限责任公司
印　　刷/江苏凤凰数码印务有限公司
开　　本/787 mm×1 092 mm　1/16
印　　张/15.25
字　　数/337 千字
版　　次/2020 年 12 月第 1 版　2020 年 12 月第 1 次印刷
书　　号/ISBN 978-7-5684-1448-7
定　　价/44.00 元

如有印装质量问题请与本社营销部联系(电话:0511-84440882)

前　　言

本书参照教育部高等学校教学指导委员会编写的《普通高等学校本科专业类教学质量国家标准》(高等教育出版社,2018),结合目前光电显示技术课程教学的基本要求编写而成。

光电显示技术是将电子设备输出的电信号转换成视觉可见的图像、图形、数码及字符等光信号的一门技术。它作为光电子技术的重要组成部分,近年来发展迅速,应用广泛。"光电显示技术"作为普通高等学校光电子技术专业学生的专业课程被纳入教育部电子科学与技术专业教学指导分委员会的课程体系中。显示器件作为人机交互的窗口,在信息技术高度发展时期得到了长足的进展,也培育出了一代又一代新产品。光电显示技术包括典型器件及系统原理。其中,典型器件包括传统的阴极射线管显示器件(CRT)、液晶显示器件(LCD)、发光二极管显示器件(LED)、等离子体显示器件(PDP)、激光显示器件(LPD)、大屏幕显示系统等,以及一些新型光电显示器件,如 Micro - LED 器件、场致发射显示器件、电致发光显示器件、电致变色显示器件、真空荧光显示器件、电泳显示器件,铁电陶瓷显示器件等。

要设计与光电显示技术的理论教学相适应的实验课程是一项具有挑战性的任务,目前这一类型的课程在国内外同类专业教学中没有统一的标准。为适应实验教学改革,培养学生的创新能力和实践能力,实验平台从单纯的光电显示技术理论验证转移到加强学生的基本技能训练上来,在完成各种特性测试、原理验证性实验,满足基本教学需求的同时,从当前实际出发,增加大量光电显示应用性实验,同时提供各种二次开发设计,并结合嵌入式技术和上位机软件知识,形成具有综合性、设计性、应用性和研究性的实验内容。

本书是大学本科"光电显示技术"课程的实验指导用书,编写本书的主要目的是:在学生已经具备基本专业知识的基础上,通过实验内容,加深对相关知识的理解,并让学生掌握一些基本的实践技能。这门课程在整个专业实践技能的培养中起到了承上启下的作用,通过专业实验课程的学习,学生在强化基本实践技能的基础上,还可以更好地适应后续更深层次的实践课程学习。

本书主体内容共分为 13 章,分别为:直插、贴片 LED 实验;LED 显示调制模块实验;单色 LED 广告屏显示模块实验;双色 LED 显示驱动模块实验;全彩 LED 显示屏控制实验;LED 照明驱动模块实验;太阳能 LED 路灯及照明模块实验;LED 照明控制模块实验;OLED 特性测试及显示实验;LCD 特性测试及显示应用实验;LCM 模块实验;VFD 特性测试及应用模块实验;PDP 模块实验。其中前 8 章由王伟编写,后 5 章由刘罡编写,最后由王伟进行统稿。

在编写过程中,郭业才教授提供了许多宝贵意见,陈洋同学参与了本书的校对工作,在此向他们一并表示感谢。

本书的出版得到了 2019 年江苏高校一流专业(电子信息工程,No. 289)建设项目、2019 年无锡市信息技术(物联网)扶持资金(第三批)扶持项目,即高等院校物联网专业新设奖励项目(通信工程,No. D51)、2020 年无锡信息产业(集成电路)扶持基金(高等学校集成电路专业新设奖励)项目(含电子信息工程、光电信息科学与工程、电子科学与技术专业)的大力支持,在此表示衷心感谢!

由于编者水平有限,书中难免存在不足之处,恳请读者提出宝贵意见。

王伟　刘罡

2020 年 7 月 18 日

目　　录

光电显示实验设备简介

【实验平台】

（1）实验平台由"主机 + 结构件 + 模块"组成。

（2）实验平台主机配置了电压表、电流表、照度计、电流电压源等,供教师做特性测量实验时使用;各模块贯彻当前应用趋势的设计理念,满足各种实验的同时,注重与应用相结合。

（3）实验平台各模块以盒体形式设计,分为认知性演示实验、特性测试实验、应用性实验、设计性实验、课程设计(毕业设计)相关实验。

【台体功能单元】

1. 电源总开关控制

控制台体总电源。

2. 测量显示单元

电压表、电流表、照度计三块表头的测量显示。

3. 单色 LED 和全彩 LED 控制

本台体留有单色 LED 和全彩 LED 的控制接口,接口独立,可实现显示屏独立显示控制或拼接显示控制。

4. 电流电压源

DC：+5 V、±5 V(两路)、±12 V；

DC：0 ~ 30 V 可调电压源；

DC：0 ~ 200 V 可调电压源,0 ~ 1 000 V 可调电压源；

DC：0 ~ 20 mA 可调电流源。

【台体使用注意事项】

（1）实验过程中,注意用电安全,实验完毕,及时断电。

（2）禁止将电源直接引到照度表接口。

（3）电源区域"单 5 V/10 A"为显示屏专用电源。

（4）显示屏背面的数据线不要取下,避免再装上去时接反。

第　一　章

直插、贴片 LED 实验

模块上配备有 7 种颜色的单色 LED、双色 LED、全彩 LED、单色食人鱼 LED 和闪烁 LED,以及 LED 驱动电源。贴片 LED 模块主要由单色贴片 LED、三基色 LED 和大功率 LED 组成。

(一) LED 相关光学量

1. 光通量

由于人眼对不同波长的电磁波具有不同的灵敏度,我们不能直接用光源的辐射功率或辐射通量来衡量光能量,必须采用以人眼对光的感觉量为基准的单位——光通量来衡量。光通量用符号 Φ 表示,单位为流明(lm)。

2. 发光强度

光通量是说明某一光源向四周空间发射出的总光能量。不同光源发出的光通量在空间的分布是不同的。发光强度表示光源在某单位立体角(该物体表面对点光源形成的角)内发射出的光通量。单位为坎德拉,符号为 cd。1 cd = 1 lm/sr (sr 为立体角的球面度单位)。

3. 光亮度

亮度是表示眼睛从某一方向所看到发光体发射光的强度,是发光体在特定方向单位立体角单位面积内的光通量,它等于 1 平方米表面上发出 1 坎德拉的发光强度。亮度用符号 L 表示,单位为坎德拉/平方米(cd/m²)。

LED 的亮度与 LED 的发光角度有必然的关系,LED 的发光角度越小,它的亮度越高。单个 LED 的功率有 1 W、3 W、5 W,还有的是用多个大功率 LED 组合成一个更大功率的 LED 照明灯具,但其售价远远高于普通灯具。

4. 色温

当光源所发出的光的颜色与黑体在某一温度下辐射的颜色相同时,黑体的温度就称为该光源的色温,用绝对温度 K(开氏度 = 摄氏度 + 273.15)表示。

5. 显色性

原则上,人造光线应与自然光线相同,使人的肉眼能正确辨别事物的颜色,这要根据照明的位置和目的而定。光源对于物体颜色呈现的程度称为显色性,通常叫作"显色指数"(Ra)。显色性是指事物的真实颜色(其自身的色泽)与在某一标准光源下所显示颜色的关系。Ra 值的确定,是将 DIN6169 标准中定义的 8 种测试颜色在标准光源和被测光源下做比较,色差越小表明被测光源对颜色的显色性越好。Ra 值为 100 的光源,表示事物在其灯光下显示出来的颜色与其在标准光源下显示的颜色一致。

(二) LED 的照明颜色

LED 是利用固体半导体芯片作为发光材料,在半导体中通过载流子发生复合放出过剩的能量而引起光子发射,直接发出红、黄、蓝、绿、青、橙、紫色的光。LED 照明产品就是利用 LED 作为光源制造出来的照明器具。

(三) LED 的优点

1. 体积小

LED 基本上是一块很小的晶片被封装在环氧树脂里面。它非常小,也非常轻。

2. 耗电量低

LED 耗电量相当低,直流驱动,超低功耗(单管 0.03 ~ 0.06 W),电光功率转换效率高。一般来说,LED 的工作电压是 2 ~ 3.6 V,工作电流是 0.02 ~ 0.03 A。这就是说,它消耗的电能不超过 0.1 W,相同照明效果时,LED 比传统光源节能近 80%。

3. 使用寿命长

有人称 LED 光源为长寿灯。它为固体冷光源,环氧树脂封装,灯体内没有松动的部分,不存在灯丝易烧、热沉积、光衰等缺点。在恰当的电流和电压下,其使用寿命可达 6 ~ 10 万小时,比传统光源寿命长 10 倍以上。

4. 亮度高、热量低

LED 使用冷发光技术,发热量比普通照明灯具低很多。

5. 环保

众所周知,荧光灯里的水银会造成污染,而 LED 由无毒材料制成,同时 LED 也可以回收再利用。其光谱中没有红外线和紫外线,既没有热量,也没有辐射,眩光小,光源冷,可以安全触摸,属于典型的绿色照明光源。

6. 坚固耐用

LED 被完全封装在环氧树脂里面,比灯泡和荧光灯管都坚固。灯体内没有松动的部分,从而 LED 不易被损坏。

7. 多变幻

LED 光源可利用红、绿、蓝三基色原理,在计算机技术控制下使三种颜色具有 256 级灰度并任意混合,即可产生 256 × 256 × 256 = 16 777 216 种颜色,形成不同的光色组合变化多端,实现丰富多彩的动态变化效果及各种图像。

8. 技术先进

与传统光源单调的发光效果相比,LED 光源是低压微电子产品。它成功融合了计算机技术、网络通信技术、图像处理技术、嵌入式控制技术等,所以它既是数字信息化产品,也是半导体光电器件"高新尖"技术,具有在线编程、无限升级、灵活多变的特点。

（四）LED 的重要参数

（1）正向工作电流 I_F:是指发光二极管正常发光时的正向电流值。

（2）正向工作电压 V_F:参数表中给出的工作电压是在给定的正向电流下得到的。一般是在 $I_F = 20$ mA 时测得的。发光二极管正向工作电压 V_F 为 1.4~3 V。在外界温度升高时,V_F 将下降。

（3）$V-I$ 特性:发光二极管的电压与电流的关系,在正向电压值小于某一个值(即阈值)时,电流极小,二极管发微弱光甚至不发光。当电压超过某一值后,正向电流随电压的增大迅速增加,发光强度明显增强。

（4）发光强度 I_V:发光二极管的发光强度通常是指法线(对圆柱形发光二极管是指其轴线)方向上的发光强度。若在该方向上辐射强度为 (1/683) W/sr,则发光强度为 1cd。由于一般 LED 的发光强度小,所以发光强度常用毫坎德拉(mcd)作单位。

（5）LED 的发光角度: $-90°~+90°$。

（6）光谱半宽度 $\Delta\lambda$:表示发光管的光谱纯度。

（7）视角:指 LED 发光的最大角度,根据视角不同,应用也不同。视角也叫光强角。

（8）半形:最大发光强度值与最大发光强度值/2 所对应的夹角。LED 的封装技术导致最大发光角度并不是法向 0°的光强值,引入偏差角,即最大发光强度对应的角度与法向 0°之间的夹角。

（9）最大正向直流电流 I_{Fm}:所允许加的最大正向直流电流。超过此值可损坏二极体。

（10）最大反向电压 V_{Rm}:所允许加的最大反向电压。超过此值,发光二极管可能被击穿损坏。

（11）工作环境 t_{opm}:表示发光二极管可正常工作的环境温度范围。低于或高于此温度范围,发光二极管将不能正常工作,效率大大降低。

（12）允许功耗 P_m:允许加于 LED 两端的正向直流电压与流过它的电流之积的最大值。超过此值,LED 会发热、损坏。

（五）LED 焊接技术要求及操作注意事项

（1）生产时一定要戴防静电手套、防静电手腕,电烙铁一定要接地,严禁徒手触摸白光 LED 的两只引线脚。因为白光 LED 的防静电电压为 100 V,而在工作台上工作湿度为 60%~90% 时人体的静电会损坏发光二极管的结晶层,工作一段时间后(如 10 h)二极体就会失效(不亮),严重时会立即失效。

(2) 焊接温度为 260 ℃,时间为 3 s。温度过高、时间过长会烧坏芯片。为了更好地保护 LED,LED 胶体与 PC 板应保持 2 mm 以上的间距,以使焊接热量在引脚中散除。

(3) LED 的正常工作电流为 20 mA,电压的微小波动(如 0.1 V)都将引起电流的大幅度波动(10% ~ 15%)。因此,在电路设计时应根据 LED 的压降配对不同的限流电阻,以保证 LED 处于最佳工作状态。电流过大,LED 会缩短寿命;电流过小,达不到所需光强。一般在批量供货时会将 LED 分光分色,即同一包产品里的 LED 光强、电压、光色都是相同的,并在分光色表上注明。

(六) LED 透镜填充硅胶过程

(1) 基材表面应该清洁干燥。可以加热去除基材表面的湿气;用石脑油、甲基乙基酮肟(MEK)或其他合适的溶剂清洗基材表面。不应该使用对基材有溶解或腐蚀的溶剂,也不应该使用有残留的溶剂。

(2) 按照推荐的混合比例——$A : B = 1 : 1$(重量比),准确称量到清洁的玻璃容器中,并充分混合均匀。使用高速的搅拌设备混合时,高速搅拌产生的热量有可能使胶的温度升高,从而缩短使用时间。

(3) 在 10 mmHg 的真空度下脱出气泡。一般在分配封装材料之前脱出气泡,根据需要在分配之后也可以增加脱气泡的程序。

(4) 为保证胶料的可操作性,A、B 混合后在 60 min 内用完。

(5) 最佳固化温度为 25 ℃,3 ~ 4 h 开始固化,完全固化需要 24 h;亦可在 50 ℃ 下加热 60 min 固化。当固化温度低于 25 ℃ 时,适当延长固化时间或提高固化温度有助于产品的完全固化。

(七) LED 应用

鉴于 LED 的自身优势,目前主要应用于以下几个方面:

(1) 显示屏、交通信号显示光源的应用。LED 灯具有抗震耐冲击、光响应速度快、省电和寿命长等特点,广泛应用于各种室内、户外显示屏,分为全色、双色和单色显示屏。交通信号显示光源主要用超高亮度的红、绿、黄色 LED 制成,因为采用 LED 信号灯既节能,可靠性又高,所以在全国范围内,交通信号灯正在逐步更新换代,而且推广速度快,市场需求量很大,是个很好的市场机会。

(2) 汽车工业上的应用。汽车用灯包含汽车内部的仪表板、音响指示灯、开关的背光源、阅读灯,以及外部的刹车灯、尾灯、侧灯、头灯等。如果用白炽灯,则不耐震动或撞击、易损坏、寿命短,需要经常更换。另外,由于 LED 响应速度快,可以及早提醒司机刹车,减少汽车追尾事故。在发达国家,使用 LED 制造的中央后置高位刹车灯已成为汽车的标准件,美国 HP 公司半导体照明推出的 LED 汽车尾灯模组可以随意组合成各种汽车尾灯。

此外,在汽车仪表板及其他各种照明部分的光源,都可采用超高亮度的 LED 发光灯,所以均在逐步采用 LED 显示。我国汽车工业正处于大发展时期,是推广超高亮度 LED 的极好时机。

(3) LED 背光源以高效侧发光的背光源最为引人注目,LED 作为 LCD 显示屏背光源的应用,具有寿命长、发光效率高、无干扰和性价比高等特点,已广泛应用于各类消费电子上。

(4) LED 照明光源早期的产品发光效率低,光强一般只能达到几到几十 mcd,只适用在室内场合,如在家电、仪器仪表、通信设备、微机及玩具等方面的应用。目前直接目标是用 LED 光源替代白炽灯和荧光灯,这种替代趋势已从局部应用领域开始发展。

(5) 家用室内照明的 LED 产品越来越受欢迎,如 LED 筒灯、LED 天花灯、LED 日光灯、LED 光纤灯已悄然进入家庭。

实验一　常见直插 LED 电流调节驱动实验

【实验目的】

(1) 熟悉不同封装直插 LED 器件。
(2) 熟悉电流调节驱动 LED 的工作原理。

【实验内容】

直插 LED 电流驱动实验。

【实验仪器】

(1) 实验平台一台。
(2) 直插 LED 模块一套。
(3) 连接导线若干。

【实验原理】

1. LED 发光原理

发光二极管是由Ⅲ - Ⅳ族化合物,如 GaAs(砷化镓)、GaP(磷化镓)、GaAsP(磷砷化镓)等半导体制成,其核心部分是 PN 结。因此它具有一般 PN 结的伏安特性,如正向导通、反向截止、击穿特性等。此外,在一定条件下,它还具有发光特性。在正向电压下,电子由 N 区注入 P 区,空穴由 P 区注入 N 区,进入对方区域的少数载流子(少子)一部分与多数载流子(多子)复合而发光。假设发光是在 P 区中发生的,那么注入的电子与价带空穴直接复合而发光,或者先被发光中心捕获后,再与空穴复合发光。发光的复合量相对于非发光复合量的比例越大,光量子效率越高。由于复合是在少子扩散区内进行的,所以光仅在 PN 结附近数微米以内产生。理论和实践证明,光的峰值波长 λ 与发光区域的半导体材料禁带宽度 E_g 有关,即

$$\lambda \approx 1\ 240/E_g\,(\mathrm{nm}) \qquad\qquad (1\text{-}1\text{-}1)$$

式中,E_g 的单位为电子伏特(eV)。若能产生可见光(波长在 380 nm 紫光～780 nm 红光之间),半导体材料的 E_g 应为 3.26～1.63 eV。图 1-1-1 为发光二极管结构图。

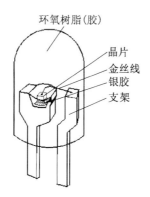

图 1-1-1 发光二极管结构图

2. 电流调节驱动原理

发光二极管工作时,正向导通电流越大,发光强度越大。因此,可以通过调节电流驱动发光二极管,达到调节 LED 发光亮度的目的。

【注意事项】

(1)在实验操作中,严禁带电插拔器件和导线,熟悉电路原理并检查无误后,方可打开电源进行实验。

(2)严禁将电源对地短路。

(3)在实验操作中,严禁使用一路控制端口(如 J601、J602、J603 或 J701)驱动多路 LED,防止电流过大烧毁器件。

【实验步骤】

(1)将主台体上的 +5 V 电源和 GND 分别用导线引入直插 LED 模块的电源单元。

(2)关闭模块电源开关,用导线连接 J601 与 J201,检查电路连接正确后,开启模块电源开关,调节 RP601,观察 $\varPhi3$ 封装 LED 的亮度随电流调节的变化。

(3)关闭模块电源开关,拆下步骤(2)中的导线,用导线连接 J601 与 J202,检查电路连接正确后,开启模块电源开关,调节 RP601,观察 $\varPhi5$ 封装 LED 的亮度随电流调节的变化。

(4)关闭模块电源开关,拆下步骤(3)中的导线,用导线连接 J601 与 J203,检查电路

连接正确后,开启模块电源开关,调节 RP601,观察 $\Phi 8$ 封装 LED 的亮度随电流调节的变化。

【思考题】

串接电流表,观察 LED 亮度随电流的变化情况。

实验二　特殊直插 LED 电流调节驱动实验

【实验目的】

(1) 熟悉不同 LED 器件及原理。
(2) 熟悉电流调节驱动 LED 的工作原理。
(3) 熟悉电流调节驱动多芯 LED 的工作原理。

【实验内容】

(1) 闪烁 LED 电流调节驱动实验,包括单色闪烁 LED、七彩慢闪 LED 和七彩快闪 LED。
(2) 食人鱼 LED 电流调节驱动实验。
(3) 双色 LED、全彩 LED 电流调节驱动实验。

【实验仪器】

(1) 实验平台一台。
(2) 直插 LED 模块一套。
(3) 连接导线若干。

【实验原理】

(1) 电流调节驱动原理:发光二极管工作时,正向导通电流越大,发光强度越大。因此,可以通过调节电流,驱动发光二极管,达到调节 LED 发光亮度的目的。
(2) 闪烁 LED 内部集成微小控制芯片,控制其闪烁方式。
(3) 多芯 LED 由多个 LED 组合,共用一个封装制成。

【注意事项】

(1) 在实验操作中,严禁带电插拔器件和导线,熟悉电路原理并检查无误后,方可打开电源进行实验。
(2) 严禁将电源对地短路。

（3）在实验操作中,严禁使用一路控制端口(如 J601、J602、J603 或 J701)驱动多路 LED,防止电流过大烧毁器件。

【实验步骤】

（1）将主台体上的 +5 V 电源和 GND 分别用导线引入直插 LED 模块的电源单元。

（2）关闭模块电源开关,用导线连接 J601 与 J301,检查电路连接正确后,开启模块电源开关,调节 RP601,观察单色闪烁 LED 现象。

（3）关闭模块电源开关,拆下步骤(2)中的导线,用导线连接 J601 与 J302,检查电路连接正确后,开启模块电源开关,调节 RP601,观察七彩慢闪 LED 现象。

（4）关闭模块电源开关,拆下步骤(3)中的导线,用导线连接 J601 与 J303,检查电路连接正确后,开启模块电源开关,调节 RP601,观察七彩快闪 LED 现象。

（5）关闭模块电源开关,拆下步骤(4)中的导线,用导线连接 J601 与 J401,检查电路连接正确后,开启模块电源开关,调节 RP601,观察食人鱼 LED 的亮度随电流调节的变化。

【思考题】

如何实现全彩 LED 配色?

实验三　直插 LED 配色实验

【实验目的】

熟悉全彩 LED 实现全彩配色的工作方式及原理。

【实验内容】

（1）双色 LED 配色实验。
（2）全彩 LED 配色实验。

【实验仪器】

（1）实验平台一台。
（2）直插 LED 模块一套。
（3）连接导线若干。

【实验原理】

在中学的物理课中我们做过棱镜的实验,白光通过棱镜后被分解成多种颜色逐渐过渡的色谱,颜色依次为红、橙、黄、绿、青、蓝、紫,这就是可见光谱。其中,人眼对红、绿、蓝最为敏感。人的眼睛就像一个三色接收器的体系,大多数颜色可以通过红、绿、蓝三色按照不同的比例混合而成。同样,绝大多数单色光也可以分解成红、绿、蓝三种色光,这是色度学的最基本原理,即三基色原理。三种基色是相互独立的,任何一种基色都不能由其他两种颜色合成。红、绿、蓝就是三基色,用这三种颜色合成的颜色范围最为广泛。红、绿、蓝三基色按照不同的比例相加合成混色称为相加混色,如图 1-3-1 所示(图中 R、G、B、W 分别表示红、绿、蓝、白色)。

$$红色 + 绿色 = 黄色$$
$$绿色 + 蓝色 = 青色$$
$$红色 + 蓝色 = 紫色$$
$$红色 + 绿色 + 蓝色 = 白色$$

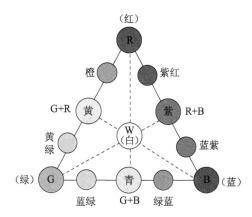

图 1-3-1　三基色原理色度三角形示意图

【注意事项】

(1) 在实验操作中,严禁带电插拔器件和导线,熟悉电路原理并检查无误后,方可打开电源进行实验。

(2) 严禁将电源对地短路。

(3) 在实验操作中,严禁使用一路控制端口(如 J601、J602、J603 或 J701)驱动多路 LED,防止电流过大烧毁器件。

【实验步骤】

(1) 将主台体上的 +5 V 电源和 GND 分别用导线引入直插 LED 模块的电源单元。

(2) 关闭模块电源开关,用导线连接 J601 与 J501 红/黄输入,J602 与 J502 蓝/绿输入,检查电路连接正确后,开启模块电源开关,缓慢调节 RP601、RP602,观察实验现象。

(3) 关闭模块电源开关,用导线连接 J601 与 J505 红输入,J602 与 J504 绿输入,J603 与 J503 蓝输入,检查电路连接正确后,开启模块电源开关,缓慢调节 RP601、RP602、

RP603, 观察实验现象。

【思考题】

为什么用一张白纸覆盖在全彩 LED 上进行观察, 效果是否更加明显?

实验四 直插 PWM 调节驱动 LED 实验

【实验目的】

(1) 熟悉电流调节驱动 LED 的工作原理。
(2) 熟悉 PWM 调节驱动 LED 的工作原理, 分析相关实验现象。

【实验内容】

PWM 调节驱动 LED 实验。

【实验仪器】

(1) 实验平台一台。
(2) 直插 LED 模块一套。
(3) 连接导线若干。

【实验原理】

通过 555 芯片设计电路, 产生脉宽可调电路, 从而达到调节 LED 发光亮度的目的。

【注意事项】

(1) 在实验操作中, 严禁带电插拔器件和导线, 熟悉电路原理并检查无误后, 方可打开电源进行实验。
(2) 严禁将电源对地短路。
(3) 在实验操作中, 严禁使用一路控制端口 (如 J601、J602、J603 或 J701) 驱动多路 LED, 防止电流过大烧毁器件。

【实验步骤】

(1) 将主台体上的 +5 V 电源和 GND 分别用导线引入直插 LED 模块的电源单元。
(2) 关闭模块电源开关, 用导线连接 J701 与 J201, 检查电路连接正确后, 开启模块电源开关, 缓慢调节占空比和电流增益调节旋钮, 观察实验现象。
(3) 关闭模块电源开关, 拆下步骤 (2) 中的导线, 用导线连接 J701 与 J202, 检查电路连接正确后,开启模块电源开关,缓慢调节占空比和电流增益调节旋钮,观察实验现象。

(4) 关闭模块电源开关,拆下步骤(3)中的导线,用导线连接 J701 与 J203,检查电路连接正确后,开启模块电源开关,缓慢调节占空比和电流增益调节旋钮,观察实验现象。

(5) 关闭模块电源开关,拆下步骤(4)中的导线,用导线连接 J701 与 J401,检查电路连接正确后,开启模块电源开关,缓慢调节占空比和电流增益调节旋钮,观察实验现象。

【思考题】

(1) 将电流增益调节旋钮顺时针调到最大,打开模块电源开关,缓慢均匀旋动占空比调节旋钮,顺时针旋动占空比调节旋钮时,LED 亮度变大,逆时针旋动电流调节旋钮时,LED 亮度变小,并出现 LED 闪烁的现象。为什么会出现 LED 闪烁现象?

(2) 感兴趣的同学可以在实验中用示波器测量并观察波形变化。

实验五　贴片 LED 驱动实验

【实验目的】

(1) 熟悉不同封装贴片 LED 器件。

(2) 熟悉电流调节驱动贴片 LED 的工作原理。

(3) 熟悉 PWM 调节驱动贴片 LED 的工作原理,分析相关实验现象。

【实验内容】

(1) 电流调节驱动贴片 LED 实验。

(2) PWM 调节驱动贴片 LED 实验。

【实验仪器】

(1) 实验平台一台。

(2) 贴片 LED 模块一套。

(3) 连接导线若干。

【实验原理】

1. 贴片 LED 发光原理

贴片 LED 是由 Ⅲ - Ⅳ 族化合物,如 GaAs(砷化镓)、GaP(磷化镓)、GaAsP(磷砷化镓)等半导体制成,其核心部分是 PN 结。因此它具有一般 PN 结的伏安特性,如正向导通、反向截止、击穿特性等。此外,在一定条件下,它还具有发光特性。若能产生可见光(波长在 380 nm 紫光 ~ 780 nm 红光范围),半导体材料的禁带宽度 E_g 应为 3.26 ~ 1.63 eV。

图 1-5-1 为贴片发光二极管结构图。

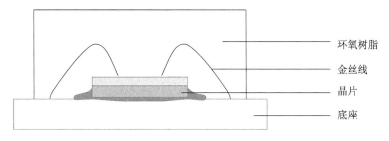

环氧树脂
金丝线
晶片
底座

图 1-5-1　贴片发光二极管结构图

2. 电流调节驱动原理

发光二极管工作时,正向导通电流越大,发光强度越大。因此,可以通过调节电流,驱动发光二极管,达到调节 LED 发光亮度的目的。

3. PWM 调节驱动原理

通过 555 芯片设计电路,产生脉宽可调电路,从而达到调节 LED 发光亮度的目的。

【注意事项】

(1)实验过程中严禁短路现象的发生。

(2)调节旋钮时应均匀、缓慢调节。

【实验步骤】

1. 电流调节驱动 LED 实验

(1)将贴片 LED 模块放入 LED 显示应用综合实验箱内,将实验箱主面板上的电源"+5 V""GND"与贴片 LED 模块上的电源接口"+5 V""GND"分别连接。

(2)将贴片 LED 基础单元的 PWM 调节旋钮顺时针调到最大,打开实验箱主电源开关,再打开贴片 LED 基础单元里的开关,缓慢均匀旋动电流调节旋钮,观察 LED 发光亮度的变化,记录实验现象并分析实验结果。

(3)关闭模块电源开关。

2. PWM 调节驱动 LED 实验

(1)在上述实验结束后,将贴片 LED 基础单元的电流调节旋钮顺时针调到最大,打开模块电源开关,缓慢均匀旋动 PWM 调节旋钮,观察 LED 发光现象,记录实验现象并分析实验结果。

(2)同时缓慢均匀旋动 PWM 调节旋钮和电流调节旋钮,观察 LED 发光现象,分析电路结构,记录实验现象并分析实验结果。

【思考题】

PWM 调节驱动 LED 实验中会出现 LED 闪烁现象,为什么?

实验六　贴片 LED 配色实验

【实验目的】

（1）熟悉 5050 封装三基色贴片 LED 的封装及器件结构。
（2）熟悉三基色贴片 LED 实现全彩配色的工作方式及原理。

【实验内容】

三基色贴片 LED 配色实验。

【实验仪器】

（1）实验平台一台。
（2）贴片 LED 模块一套。
（3）连接导线若干。

【实验原理】

（1）图 1-6-1 所示为 5050 三基色贴片 LED 原理及封装结构图。

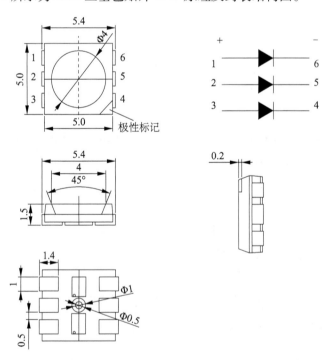

图 1-6-1　5050 三基色贴片 LED 原理及封装结构图（单位：mm）

从图中可知，5050 三基色贴片 LED 为红、绿、蓝三基色 LED 的"叠加"，共六脚，无公共端,每一种颜色有两个引脚,也可单独驱动。

(2)在中学的物理课中我们做过棱镜的实验,白光通过棱镜后被分解成多种颜色逐渐过渡的色谱,颜色依次为红、橙、黄、绿、青、蓝、紫,这就是可见光谱。其中,人眼对红、绿、蓝最为敏感,人的眼睛就像一个三色接收器的体系,大多数颜色可以通过红、绿、蓝三色按照不同的比例混合而成。同样,绝大多数单色光也可以分解成红、绿、蓝三种色光。这是色度学的最基本原理,即三基色原理。

【注意事项】

(1)实验过程中严禁短路现象的发生。

(2)调节旋钮时应均匀、缓慢调节。

【实验步骤】

(1)将贴片 LED 模块放入 LED 显示应用综合实验箱内,将实验箱主面板上的电源"+5 V""GND"与贴片 LED 模块上的电源接口"+5 V""GND"分别连接。

(2)将"红色调节""绿色调节""蓝色调节"逆时针旋转至最小。

(3)打开实验箱和模块三基色 LED 单元控制开关,观察实验现象。

(4)分别缓慢均匀调节"红色调节""绿色调节""蓝色调节",观察实验现象并分析。

(5)同时缓慢均匀调节"红色调节""绿色调节""蓝色调节",观察实验现象并分析。

(6)关闭模块电源。

【思考题】

(1)思考红绿双色 LED 配色实验的实际应用。

(2)是否可以将三基色 LED 的"+"和"-"都设置为公共端,用可变限流电阻实现实验结果?为什么?

实验七 大功率贴片 LED 照明实验

【实验目的】

(1)熟悉各种颜色的大功率贴片 LED 器件。

(2)熟悉电流调节驱动大功率贴片 LED 的工作原理。

【实验内容】

大功率贴片 LED 照明实验。

【实验仪器】

（1）实验平台一台。

（2）贴片 LED 模块一套。

（3）连接导线若干。

【实验原理】

大功率 LED 采用调节电流的方式驱动,若采用传统的可变限流电阻直接驱动,存在长时间大电流工作可能烧坏调节器件的风险,因此采用调节器接放大器驱动大功率 LED 的方式,可满足模拟照明环境中长时间点亮 LED 的要求,同时,由于大功率照明 LED 电流较大,器件散热的问题也必须考虑在内。

【注意事项】

（1）实验过程中严禁短路现象的发生。

（2）调节旋钮时应均匀、缓慢调节。

【实验步骤】

（1）将贴片 LED 模块放入 LED 显示应用综合实验箱内,将实验箱主面板上的电源" +5 V""GND"与贴片 LED 模块上的电源接口" +5 V""GND"分别连接。

（2）将大功率 LED 单元的功率调节旋钮逆时针旋转到底。

（3）打开实验箱和大功率 LED 模块单元控制开关,缓慢均匀调节功率调节旋钮,观察实验现象。

注意:当功率调节至较大时,应避免长时间直视大功率 LED,以免对眼睛造成伤害。

【思考题】

如何处理大功率照明 LED 的散热问题,仔细观察,本实验是如何处理的?

第 二 章

LED 显示调制模块实验

LED 的显示调制模块实验主要包括 LED 点阵和数码管显示。其中,LED 点阵分为静态显示和动态扫描显示。静态显示即给每一 LED 一个驱动电路,一幅画面输入以后,所有 LED 的状态保持到下一幅画。动态显示是对一幅画面进行分割,对组成画面的各部分分别显示。合理的动态显示方式设计既要保证电路易实现,又要保证图像稳定、无闪烁。数码管亮度高、体积小、重量轻、电路结构简单,是数字信息显示的上佳选择。

实验一　LED 点阵静态显示实验

【实验目的】

(1) 熟悉点阵的结构和显示原理。
(2) LED 点阵静态显示。

【实验内容】

LED 点阵静态显示实验。

【实验仪器】

(1) 实验平台一台。
(2) LED 显示调制模块一套。
(3) 连接导线若干。

【实验原理】

1. 点阵的组成及控制方式

8×8 点阵是由 64 个 $\Phi 5$ 直插透明发红光的 LED 组成,它的每一行由静态开关 1 的对应位控制,每行 8 个 LED 由对应的 DS 开关控制,如第一行的 8 个 LED 由 DS1 ~ 8 的 8 位控制,第二行的 8 个 LED 由 DS9 ~ 16 的 8 位控制,依次类推。

2. 显示原理

通过静态开关 1 和 DS 联点亮对应的 LED，显示字符、数字和汉字。

【注意事项】

（1）实验过程中严禁短路现象的发生。

（2）拨码开关的拨动应缓慢用力。

【实验步骤】

（1）将台体面板上的"+5V""GND"与 LED 显示调制模块上的"+5 V""GND"分别连接。

（2）将 LED 点阵单元中拨码开关的状态拨至表 2-1-1 所示状态。

表 2-1-1　LED 点阵单元显示"6"

名称	1	2	3	4	5	6	7	8	备注
DS1－8	OFF	OFF	ON	ON	ON	ON	ON	OFF	3、4、5、6、7 为"ON"
DS9－16	OFF	OFF	ON	OFF	OFF	OFF	OFF	OFF	3 为"ON"
DS17－24	OFF	OFF	ON	OFF	OFF	OFF	OFF	OFF	3 为"ON"
DS25－32	OFF	OFF	ON	ON	ON	ON	ON	OFF	3、4、5、6、7 为"ON"
DS33－40	OFF	OFF	ON	OFF	OFF	OFF	ON	OFF	3、7 为"ON"
DS41－48	OFF	OFF	ON	OFF	OFF	OFF	ON	OFF	3、7 为"ON"
DS49－56	OFF	OFF	ON	OFF	OFF	OFF	ON	OFF	3、7 为"ON"
DS57－64	OFF	OFF	ON	ON	ON	ON	ON	OFF	3、4、5、6、7 为"ON"
静态开关 1	ON	ON	ON	ON	ON	ON	ON	ON	1、2、3、4、5、6、7、8 为"ON"

（3）打开台体和模块电源开关，观察显示结果（显示"6"）。

（4）关闭模块电源，再次将 LED 点阵单元中拨码开关的状态拨至表 2-1-2 所示状态。

表 2-1-2　LED 点阵单元显示"E"

名称	1	2	3	4	5	6	7	8	备注
DS1－8	OFF	OFF	ON	ON	ON	ON	ON	OFF	3、4、5、6、7 为"ON"
DS9－16	OFF	OFF	ON	OFF	OFF	OFF	OFF	OFF	3 为"ON"
DS17－24	OFF	OFF	ON	OFF	OFF	OFF	OFF	OFF	3 为"ON"
DS25－32	OFF	OFF	ON	ON	ON	ON	ON	OFF	3、4、5、6、7 为"ON"
DS33－40	OFF	OFF	ON	OFF	OFF	OFF	ON	OFF	3、4、5、6、7 为"ON"
DS41－48	OFF	OFF	ON	OFF	OFF	OFF	OFF	OFF	3 为"ON"
DS49－56	OFF	OFF	ON	OFF	OFF	OFF	OFF	OFF	3 为"ON"
DS57－64	OFF	OFF	ON	ON	ON	ON	ON	OFF	3、4、5、6、7 为"ON"
静态开关 1	ON	ON	ON	ON	ON	ON	ON	ON	1、2、3、4、5、6、7、8 为"ON"

（5）打开台体和模块电源开关，观察显示结果（显示"E"）。

（6）关闭模块电源，再次将 LED 点阵单元中拨码开关的状态拨至表 2-1-3 所示状态。

表 2-1-3　LED 点阵单元显示"思"

名称	1	2	3	4	5	6	7	8	备注
DS1 – 8	OFF	ON	ON	ON	ON	ON	ON	OFF	2、3、4、5、6、7 为"ON"
DS9 – 16	OFF	ON	OFF	ON	OFF	OFF	ON	OFF	2、4、5、7 为"ON"
DS17 – 24	OFF	ON	ON	ON	ON	ON	ON	OFF	2、3、4、5、6、7 为"ON"
DS25 – 32	OFF	ON	OFF	ON	ON	OFF	ON	OFF	2、4、5、7 为"ON"
DS33 – 40	OFF	ON	ON	ON	ON	ON	ON	OFF	2、3、4、5、6、7 为"ON"
DS41 – 48	OFF	OFF	OFF	OFF	OFF	OFF	OFF	OFF	
DS49 – 56	OFF	ON	OFF	OFF	ON	OFF	ON	OFF	2、5、7 为"ON"
DS57 – 64	ON	OFF	ON	ON	ON	ON	OFF	ON	1、3、4、5、6. 8 为"ON"
静态开关1	ON	ON	ON	ON	ON	ON	ON	ON	1、2、3、4、5、6、7、8 为"ON"

（7）打开台体和模块电源开关，观察显示结果（显示"思"）。

（8）实验结束后关闭电源，整理好实验设备。

【思考题】

有些数字、字符、汉字的显示效果不够理想，为什么？

实验二　LED 点阵动态扫描显示实验

【实验目的】

（1）动手操作实现 LED 点阵动态扫描显示功能。
（2）了解 LED 点阵动态扫描显示的基本原理，锻炼动手能力。

【实验内容】

LED 点阵动态扫描显示实验。

【实验仪器】

（1）实验平台一台。
（2）LED 显示调制模块一套。
（3）连接导线若干。

【实验原理】

通过 8 个 11 位拨码开关结合单片机控制 LED 点阵行显示时间,实现 LED 点阵动态显示数字、字符和汉字的功能。

【注意事项】

(1) 实验过程中严禁短路现象的发生。

(2) 调节旋钮时应均匀、缓慢调节。

【实验步骤】

(1) 将台体面板上的"+5 V""GND"与 LED 显示调制模块上的"+5 V""GND"分别连接。

(2) 将 LED 点阵单元中拨码开关的状态拨至表 2-2-1 所示状态。

表 2-2-1 LED 点阵单元滚动显示"6"

名称	1	2	3	4	5	6	7	8	备注
DS1 – 8	OFF	OFF	ON	ON	ON	ON	ON	OFF	3、4、5、6、7 为"ON"
DS9 – 16	OFF	OFF	ON	OFF	OFF	OFF	OFF	OFF	3 为"ON"
DS17 – 24	OFF	OFF	ON	OFF	OFF	OFF	OFF	OFF	3 为"ON"
DS25 – 32	OFF	OFF	ON	ON	ON	ON	ON	OFF	3、4、5、6、7 为"ON"
DS33 – 40	OFF	OFF	ON	OFF	OFF	OFF	ON	OFF	3、7 为"ON"
DS41 – 48	OFF	OFF	ON	OFF	OFF	OFF	ON	OFF	3、7 为"ON"
DS49 – 56	OFF	OFF	ON	OFF	OFF	OFF	ON	OFF	3、7 为"ON"
DS57 – 64	OFF	OFF	ON	ON	ON	ON	ON	OFF	3、4、5、6、7 为"ON"
静态开关 1	OFF	OFF	OFF	OFF	OFF	OFF	OFF	OFF	

(3) 打开台体和模块电源开关,按下复位键,再按模式切换键,调到"模式 – 位 1"(D3 亮),观察显示结果(从上到下,滚动显示"6")。

(4) 关闭模块电源,再次将 LED 点阵单元中拨码开关的状态拨至表 2-2-2 所示状态。

(5) 打开台体和模块电源开关,按下复位键,再按模式切换键,调到"模式 – 位 1"(D3 亮),观察显示结果(从上到下,滚动显示"E")。

表2-2-2 LED点阵单元滚动显示"E"

名称	1	2	3	4	5	6	7	8	备注
DS1－8	OFF	OFF	ON	ON	ON	ON	ON	OFF	3、4、5、6、7 为"ON"
DS9－16	OFF	OFF	ON	OFF	OFF	OFF	OFF	OFF	3 为"ON"
DS17－24	OFF	OFF	ON	OFF	OFF	OFF	OFF	OFF	3 为"ON"
DS25－32	OFF	OFF	ON	ON	ON	ON	ON	OFF	3、4、5、6、7 为"ON"
DS33－40	OFF	OFF	ON	ON	ON	ON	ON	OFF	3、4、5、6、7 为"ON"
DS41－48	OFF	OFF	ON	OFF	OFF	OFF	OFF	OFF	3 为"ON"
DS49－56	OFF	OFF	ON	OFF	OFF	OFF	OFF	OFF	3 为"ON"
DS57－64	OFF	OFF	ON	ON	ON	ON	ON	OFF	3、4、5、6、7 为"ON"
静态开关1	OFF	OFF	OFF	OFF	OFF	OFF	OFF	OFF	

（6）关闭模块电源,再次将 LED 点阵单元中拨码开关的状态拨至表2-2-3所示状态。

表2-2-3 LED点阵单元滚动显示"思"

名称	1	2	3	4	5	6	7	8	备注
DS1－8	OFF	ON	ON	ON	ON	ON	ON	OFF	2、3、4、5、6、7 为"ON"
DS9－16	OFF	ON	OFF	ON	ON	OFF	ON	OFF	2、4、5、7 为"ON"
DS17－24	OFF	ON	ON	ON	ON	ON	ON	OFF	2、3、4、5、6、7 为"ON"
DS25－32	OFF	ON	OFF	ON	ON	OFF	ON	OFF	2、4、5、7 为"ON"
DS33－40	OFF	ON	ON	ON	ON	ON	ON	OFF	2、3、4、5、6、7 为"ON"
DS41－48	OFF	OFF	OFF	OFF	OFF	OFF	OFF	OFF	
DS49－56	OFF	ON	OFF	OFF	ON	OFF	ON	OFF	2、5、7 为"ON"
DS57－64	ON	OFF	ON	ON	ON	ON	OFF	ON	1、3、4、5、6、8 为"ON"
静态开关1	OFF	OFF	OFF	OFF	OFF	OFF	OFF	OFF	

（7）打开台体和模块电源开关,按下复位键,再按模式切换键,调到"模式－位1"（D3亮）,观察显示结果（从上到下,滚动显示"思"）。

（8）实验结束后关闭电源,整理好实验设备。

【思考题】

本实验中,模式切换是如何通过模式切换按键实现的?

实验三　数码管静态显示实验

【实验目的】

（1）熟悉数码管的结构和显示原理。

（2）数码管静态显示。

【实验内容】

数码管静态显示实验。

【实验仪器】

（1）实验平台一台。

（2）LED 显示调制模块一套。

（3）连接导线若干。

【实验原理】

1. 数码管的组成及控制方式

本实验是利用八段数码管来完成。八段数码管是由 8 个发光二极管组成，如图 2-3-1a 所示。八段数码管分为共阳极八段数码管和共阴极八段数码管，如图 2-3-1b,c 所示。实验中用到 4 个共阴极八段数码管，通过静态开关 2 和 4 个八位拨码开关控制。

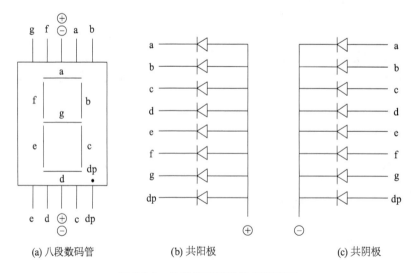

(a) 八段数码管　　　　　(b) 共阳极　　　　　(c) 共阴极

图 2-3-1　八段数码管结构及原理图

2. 显示原理

通过静态开关 2 和位扫描的 4 个 8 位拨码开关点亮数码管对应的位和段,显示字符和数字。

【注意事项】

(1) 实验过程中严禁短路现象的发生。

(2) 拨码并关的拨动应缓慢用力。

【实验步骤】

(1) 将台体面板上的"+5 V""GND"与 LED 显示调制模块上的"+5 V""GND"分别连接。

(2) 将数码管显示单元中拨码开关的状态拨至表 2-3-1 所示状态(说明:"OFF"是与"ON"相对的一端," – "表示"不操作","×"表示"无")。

表 2-3-1　数码管显示单元拨码状态

名称	1	2	3	4	5	6	7	8	备注
段扫描	–	–	–	–	–	–	–	–	不操作
位扫描 1	OFF	OFF	OFF	OFF	OFF	ON	ON	OFF	6、7 为"ON"
位扫描 2	OFF	ON	OFF	ON	ON	OFF	ON	ON	2、4、5、7、8 为"ON"
位扫描 3	OFF	ON	OFF	OFF	ON	ON	ON	ON	2、5、6、7、8 为"ON"
位扫描 4	OFF	ON	ON	OFF	OFF	ON	ON	OFF	2、3、6、7 为"ON"
静态开关 2	ON	ON	ON	ON	×	×	×	×	1、2、3、4 为"ON"

(3) 打开台体和模块电源开关,观察显示结果。

(4) 实验结束后关闭电源,整理好实验设备。

【思考题】

理论上,若将表 2-3-1 中的静态开关 2 的 4 位依次以较高频率打到"ON"再打到"OFF",会有什么现象?

实验四　数码管动态扫描显示实验

【实验目的】

(1) 熟悉数码管的结构和显示原理。

(2) 熟悉共阳极数码管动态显示原理。

（3）熟悉共阴极数码管动态显示原理。

【实验内容】

数码管动态扫描显示实验。

【实验仪器】

（1）实验平台一台。

（2）LED 显示调制模块一套。

（3）连接导线若干。

【实验原理】

1. 数码管的组成及控制方式

本实验是利用八段数码管来完成。八段数码管是由 8 个发光二极管组成，如图 2-4-1a 所示。八段数码管分为共阳极八段数码管和共阴极八段数码管，如图 2-4-1b,c 所示。实验中用到 1 个共阳极八段数码管和 4 个共阴极八段数码管，通过静态开关 2 和 5 个 8 位拨码开关（1 个"段扫描"开关和 4 个"位扫描"开关）、段扫描调节旋钮和位扫描调节旋钮控制。

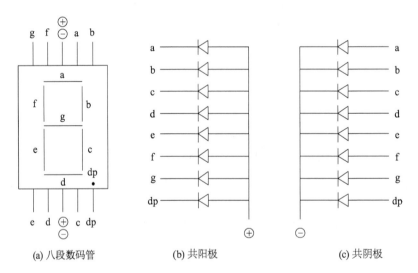

(a) 八段数码管　　　　　(b) 共阳极　　　　　(c) 共阴极

图 2-4-1　八段数码管结构及原理图

2. 显示原理

通过静态开关 2 和 5 个 8 位拨码开关（1 个"段扫描"开关和 4 个"位扫描"开关）点亮数码管对应的位和段，用段扫描调节旋钮和位扫描调节旋钮结合单片机调节显示时间，实现动态显示字符和数字。

【注意事项】

（1）实验过程中严禁短路现象的发生。

（2）调节旋钮时应均匀、缓慢调节。

【实验步骤】

（1）将台体面板上的"＋5 V""GND"与 LED 显示调制模块上的"＋5 V""GND"分别连接。

（2）将数码管显示单元中拨码开关的状态拨至表 2-4-1 所示状态（说明："OFF"是与"ON"相对的一端，"－"表示"不操作"，"×"表示"无"）。

表 2-4-1 数码管显示单元拨码状态一

名称	1	2	3	4	5	6	7	8	备注
段扫描	－	ON	ON	ON	ON	ON	ON	ON	2、3、4、5、6、7、8 为"ON"
位扫描 1	－	－	－	－	－	－	－	－	不操作
位扫描 2	－	－	－	－	－	－	－	－	不操作
位扫描 3	－	－	－	－	－	－	－	－	不操作
位扫描 4	－	－	－	－	－	－	－	－	不操作
静态开关 2	OFF	OFF	OFF	OFF	×	×	×	×	1、2、3、4 为"OFF"

（3）打开台体和模块电源开关，观察显示结果。

（4）按动模式切换按键，使系统工作在"模式－位 2"状态（D4 亮），缓慢均匀调节段扫描调节旋钮，观察实验显示现象。

（5）缓慢均匀调节段扫描调节旋钮，观察实验显示现象。

（6）关闭模块电源，再次将数码管显示单元中拨码开关的状态拨至表 2-4-2 所示状态（说明："OFF"是与"ON"相对的一端，"－"表示"不操作"，"×"表示"无"）。

表 2-4-2 数码管显示单元拨码状态二

名称	1	2	3	4	5	6	7	8	备注
段扫描	－	－	－	－	－	－	－	－	不操作
位扫描 1	OFF	OFF	OFF	OFF	OFF	ON	ON	OFF	6、7 为"ON"
位扫描 2	OFF	ON	OFF	ON	ON	OFF	ON	ON	2、4、5、7、8 为"ON"
位扫描 3	OFF	ON	OFF	OFF	ON	ON	ON	ON	2、5、6、7、8 为"ON"
位扫描 4	OFF	ON	ON	OFF	OFF	ON	ON	OFF	2、3、6、7 为"ON"
静态开关 2	OFF	OFF	OFF	OFF	×	×	×	×	1、2、3、4 为"OFF"

（7）打开台体和模块电源开关，观察显示结果。

（8）按动模式切换键，使系统工作在"模式 – 位 3"状态（D5 亮），缓慢均匀调节位扫描调节旋钮，观察实验显示现象。

（9）实验结束后关闭电源，整理好实验设备。

【思考题】

谈谈数码管动态扫描显示原理。

第 三 章

单色 LED 广告屏显示模块实验

（一）概述

LED 广告屏即 LED 电子显示屏，是一种利用发光二极管按顺序排列而制成的新型成像电子设备。其具有亮度高、可视角度广、寿命长等特点，正被广泛应用于户外广告等产品中。

LED 广告屏可以显示变化的数字、文字、图形和图像，不仅可以用于室内环境，还可以用于室外环境，具有投影仪、电视墙、液晶显示屏无法比拟的优点。LED 广告屏之所以受到广泛重视而得到迅速发展，是与它本身所具有的优点分不开的。这些优点概括起来是：亮度高、工作电压低、功耗小、小型化、寿命长、耐冲击和性能稳定。

最初 LED 用作仪器仪表的指示光源，后来各种色光的 LED 在交通信号灯和大面积显示屏中得到了广泛应用，产生了很好的经济效益和社会效益。以 12 英寸的红色交通信号灯为例，在美国本来是采用长寿命、低光效的 140 W 白炽灯作为光源。它产生 2 000 lm 的白光，经红色滤光片后，光损失 90%，只剩下 200 lm 的红光。而在新设计的灯中，Lumileds 公司采用了 18 个红色 LED 光源，包括电路损失在内，共耗电 14 W，即可产生同样的光效。

汽车信号灯也是 LED 光源排列应用的重要领域。由于 LED 响应速度快（纳秒级），可以尽早让尾随车辆的司机知道前方行驶状况，减少汽车追尾事故的发生。

LED 广告屏的发展前景也极为广阔，目前正朝着更高效、更高亮度、更耐气候性、更高的发光密度和发光均匀性、更可靠、全色化的方向发展。

（二）LED 广告屏的作用及应用场合

LED 广告屏主要包括以下内容：

（1）证券交易、金融信息显示。

（2）机场航班动态信息显示。民航机场建设对信息显示的要求非常高，LED 广告屏是航班信息显示系统（flight information display system，FIDS）的首选产品。

（3）港口、车站旅客引导信息显示。以 LED 广告屏为主体的信息系统和广播系统、列车到发揭示系统、票务信息系统等共同构成客运枢纽的自动化系统。

（4）体育场馆信息显示。LED 广告屏已取代了传统的灯泡及 CRT 显示屏。

（5）道路交通信息显示。智能交通系统（ITS）的兴起，用于城市交通、高速公路等领域；LED 广告屏作为可变情报板、限速标志等，可替代国外同类产品得到普遍应用。

（6）调度指挥中心信息显示。电力调度、车辆动态跟踪、车辆调度管理等，也在逐步采用高密度的 LED 广告屏。

（7）邮政、电信、商场购物中心等服务领域的业务宣传及信息显示。遍布全国的服务领域均有国产 LED 广告屏，它在信息显示方面发挥作用。

（8）广告媒体新产品。除单一的大型户内、户外广告屏作为广告媒体外，国内一些城市出现了集群 LED 广告屏系统。

LED 广告屏正广泛应用于社会经济的很多领域，包括政府广场、国庆庆典、大型娱乐广场、繁华商贸中心、广告信息发布牌、商业街、火车站、演艺中心、电视直播现场、展览场馆、演唱会等场所。

实验一　单片机编程控制 LED 点阵显示实验

【实验目的】

（1）掌握用单片机来控制 LED 亮灭的原理与方法。
（2）掌握如何通过编程来实现 LED 点阵动态扫描显示。

【实验内容】

编写程序，使 LED 点阵上显示两个汉字。

【实验仪器】

（1）实验平台一台。
（2）单色 LED 广告屏显示模块一套。
（3）连接导线若干。
（4）USB 连接线一根。

【实验原理】

使用 LED 点阵时，要注意区分共阴与共阳两种不同的型号。本实验模块配备的 LED 点阵为共阳的点阵，其内部的原理图如图 3-1-1 所示。由图 3-1-1 可知，当 LED 点阵的⑨脚为高电平，⑬脚为低电平时，第一排第一列的 LED 便会点亮。同理可知，要使 LED 点阵中任意一个 LED 点亮，只需分别给连接该 LED 阳极的列管脚和连接该 LED 阴极的列管脚分别送高低电平即可。

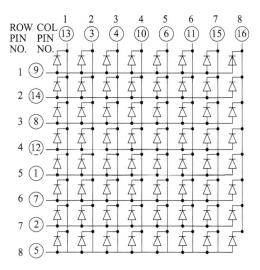

图 3-1-1 共阳 LED 点阵内部原理图

本实验的点阵显示原理图如图 3-1-2 所示,其中用到的芯片有锁存器芯片 74HC573,八达林顿晶体管阵列 ULN2803。当 ULN2803 的输入端为高电平时,其输出端输出低电平;当 ULN2803 的输入端为低电平时,其输出端呈高阻状态。设计中用到 ULN2803 主要是利用其灌电流能力强大来驱动 LED 点阵。由原理图可知,行数据线与列数据线为复用,要使 LED 点阵显示一个字,必须使用动态扫描的方法。动态扫描工作原理就是利用人眼的视觉暂留特性,在很短的时间周期内依次将 LED 点阵的每行点亮。也就是 LED 点阵上的 LED 实际并没有全亮,但我们看上去却是全亮的。

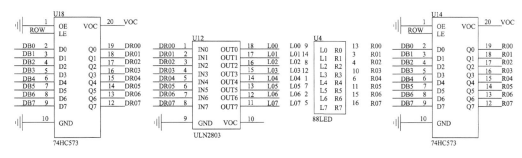

图 3-1-2 LED 点阵显示原理图

由原理图可知,要在一块 LED 点阵上显示一个字符的步骤如下:

(1)首先应该打开该 LED 点阵所在列的列锁存,送入列选通数据(先选通第一列,其他的列不能被选通),然后关掉列锁存。

(2)打开该 LED 点阵所在行的行锁存,送入显示数据(用字模提取软件对要显示的字符提取字模,显示数据位字模中的数据),延时一段时间,然后关掉该行锁存。

(3)通过上面的步骤已经将 LED 点阵的第一行中需要点亮的 LED 点亮,为实现动态扫描,需要马上将该行的显示数据清零,也就是让该行的 LED 全部熄灭。重复步骤(1)与步骤(2)中的操作,但在步骤(2)的操作中送入的显示数据应该为"0"(使 LED 熄灭)。

（4）通过前面的步骤已经将 LED 点阵的第一行显示出相应的数据，并立即熄灭，依次对 LED 点阵的第 2 行至第 8 行采用同样的操作。若在较短的周期内对 LED 点阵的第 1 行至第 8 行进行持续扫描，便会在 LED 点阵上看到想要显示的字符。

要显示一个 16×16 的汉字需要用 4 块 8×8 的 LED 点阵，按照操作一块 LED 点阵显示的方法，分别对 4 块 LED 点阵进行相同的操作，就可以在 4 块 LED 点阵上显示一个 16×16 的汉字。

【注意事项】

（1）连线之前要保证电源关闭。
（2）严禁带电进行线和器件的插拔。
（3）严禁将任何电源对地短路。

【实验步骤】

根据实验原理编写程序时，如有不懂的地方可以查阅相关的书籍或上网查找相关的例程和资料，结合相关资料弄懂实验原理和实验的实现方法之后，再自己动手编写程序，编译好后烧入广告屏模块。单色 LED 广告屏显示模块接线方式如下：

ROW0	接	P2.0
ROW1	接	P2.1
COL0	接	P2.2
COL1	接	P2.3
COL2	接	P2.4
COL3	接	P2.5
DB0 ~ DB7	依次接	P0.0 ~ P0.7

接线完成并确认无误后，就可以通电了。

按下"复位"键，再按"模式"键，切换到"模式 – 位 3"，全屏点亮，查看有无坏点。再按"模式"键，切换到"模式 – 位 2"，观察单色屏的显示结果。

实验例程可参考发货光盘中名为"单色 LED 广告屏显示模块例程"的文件夹中的源程序。烧入该实验例程的步骤如下：

（1）用 USB 连接线将实验板与 PC 连接，也可以在步骤（4）中连接。
（2）打开"stc – isp – 15xx – v6.85r.exe"软件界面，如图 3-1-3 所示。

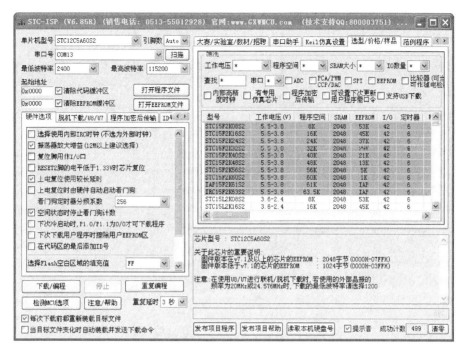

图 3-1-3　软件界面

（3）将该软件界面中的"单片机型号"设置为"STC12C5A60S2"，然后点击"打开程序文件"，点击后找到实验例程所在的文件夹，选择"LED_TEST. hex"文件，然后点击"打开"，如图 3-1-4 所示。

图 3-1-4　打开测试界面

（4）该软件界面中的"串口号"在连接好 USB 线后自动识别，无须设置，同时"最高波特率"选择为115200，"最低波特率"选择为2400，如图3-1-5所示。

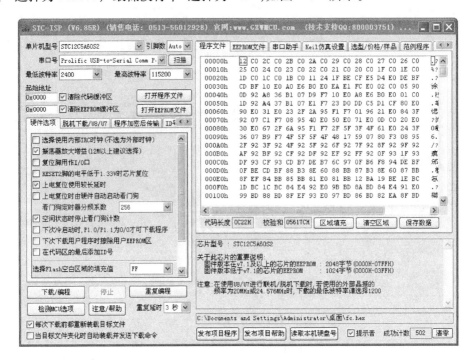

图 3-1-5　参数设置界面

（5）点击软件界面中"下载/编程"按钮，如图3-1-6所示。

图 3-1-6　下载/编程界面

（6）然后给模块通电，在空白处看到"正在重新握手…"等字样，如图 3-1-7 所示。

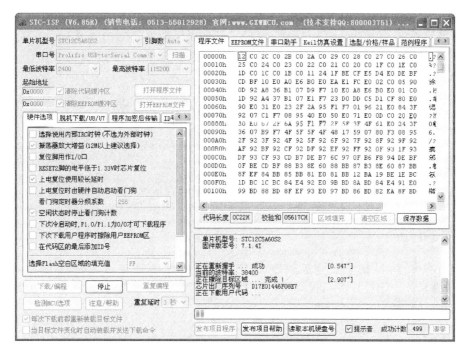

图 3-1-7 模块通电界面

（7）下载完成后该空白处会出现"操作成功"等字样，如图 3-1-8 所示。至此，程序下载完毕。

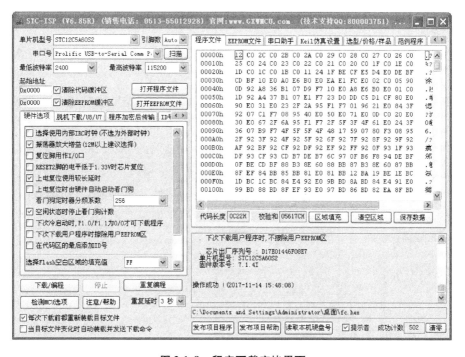

图 3-1-8 程序下载完毕界面

【思考题】

在本实验中,显示的汉字是静止的,如何修改程序使显示的内容从左至右循环滚动显示?

实验二　逐字滚动显示实验

【实验目的】

在本章实验一的基础上,掌握滚动显示的方法。

【实验内容】

编写程序,使 LED 点阵上滚动显示汉字。

【实验仪器】

(1) 实验平台一台。
(2) 单色 LED 广告屏显示模块一套。
(3) 连接导线若干。
(4) USB 连接线一根。

【实验原理】

通过实验一,我们已经掌握了单片机编程控制 LED 点阵显示汉字的方法。在实验一的基础上,通过对程序进行修改来实现逐字滚动显示实验。

8 块 8×8 的 LED 点阵能静态显示两个 16×16 的汉字,如果要实现 4 个汉字从左至右循环滚动显示,可以先让第一个汉字显示在前面 4 块 LED 点阵上,第二个汉字显示在后面 4 块 LED 点阵上,过一秒后让第二个汉字显示在前面的 4 块 LED 点阵上,同时让将要显示的第三个汉字显示在后面的 4 块 LED 点阵上,过一秒后让第三个汉字显示在前面的 4 块 LED 点阵上,同时让将要显示的第四个汉字显示在后面的 4 块 LED 点阵上。如此反复循环,便在视觉上看到显示的汉字逐字右移循环显示。一秒的延时可以通过单片机的定时器来实现。

【注意事项】

(1) 连线之前要保证电源关闭。
(2) 严禁带电进行线和器件的插拔。
(3) 严禁将任何电源对地短路。

【实验步骤】

根据实验原理编写程序时,如有不懂的地方可以查阅相关的书籍或上网查找相关的例程和资料,结合相关资料弄懂实验原理和实验的实现方法之后,再自己动手编写程序,编译好后烧入单片机,按照本章实验一中的接线要求进行接线,接线完成并确认无误后,可以通电。

观察 LED 点阵上的显示内容。

按下"复位"键,再按"模式"键,切换到"模式 – 位 3",全屏点亮,查看有无坏点。再按"模式"键,切换到"模式 – 位 1",观察单色屏的显示结果。

实验例程可参考发货光盘中名为"单色 LED 广告屏显示模块例程"的文件夹中的源程序。烧入该实验例程的步骤同本章"实验一　单片机编程控制 LED 点阵显示实验",此处不再赘述。

【思考题】

在本实验中,实现的滚动显示是逐字移动显示,如何实现汉字逐列右移显示?怎样改变滚动的速度?

实验三　逐列滚动显示实验

【实验目的】

在本章实验一和实验二的基础上,掌握逐列滚动显示的方法。

【实验内容】

编写程序,使 LED 点阵上显示的内容从左至右逐列滚动显示。

【实验仪器】

(1)实验平台一台。
(2)单色 LED 广告屏显示模块一套。
(3)连接导线若干。
(4)USB 连接线一根。

【实验原理】

通过实验一和实验二我们已经了解了静态显示和滚动显示的方法,要将显示的内容逐列滚动,可以在扫描字模时,每隔一定的时间间隔将字模向左移动一个字节,在 LED 点阵上看到的现象就会是显示的内容按一定的速度从右至左逐列移动。通过改变定时器的初值,就可以改变移动的速度。

【注意事项】

(1)连线之前要保证电源关闭。

(2)严禁带电进行线和器件的插拔。

(3)严禁将任何电源对地短路。

【实验步骤】

根据实验原理编写程序时,如有不懂的地方可以查阅相关的书籍或上网查找相关的例程和资料,结合相关资料弄懂实验原理和实验的实现方法之后,再自己动手编写程序,编译好后烧入单片机,按照本章实验一中的接线要求进行接线,接线完成并确认无误后,可以通电。

观察 LED 点阵上的显示内容。

按下“复位”键,再按“模式”键,切换到“模式 – 位 3”,全屏点亮,查看有无坏点。再按“模式”键,切换到并存模式(“模式 – 位 2”和“模式 – 位 3”),观察单色屏的显示结果。

实验例程可参考发货光盘中名为“单色 LED 广告屏显示模块例程”的文件夹中的源程序。烧入该实验例程的步骤同本章“实验一　单片机编程控制 LED 点阵显示实验”,此处不再赘述。

【思考题】

如何编写程序以实现内容从左至右逐列滚动循环显示?

实验四　向上滚动显示实验

【实验目的】

在前面实验的基础上,掌握逐行向上滚动显示的方法。

【实验内容】

编写程序,让 LED 点阵上显示的内容从下至上逐行滚动显示。

【实验仪器】

(1)实验平台一台。

(2)单色 LED 广告屏显示模块一套。

（3）连接导线若干。

（4）USB 连接线一根。

【实验原理】

通过前面的实验,我们已经了解了静态显示和从右至左逐列滚动显示的方法。要实现由下至上逐行滚动显示,可以改变字模的取模方式,在 LED 点阵上从上至下逐行扫描来显示字符,每隔一定的时间间隔将该行显示字符的字模送上一行显示,同时将下面一行显示字符的字模送该行显示,在视觉上便会看见 LED 点阵上显示的内容从下至上逐行滚动。通过改变定时器的初值,就可以改变移动的速度。(本实验要求学生自己编程完成)

【注意事项】

（1）连线之前要保证电源关闭。

（2）严禁带电进行线和器件的插拔。

（3）严禁将任何电源对地短路。

【实验步骤】

根据实验原理编写程序时,如有不懂的地方可以查阅相关的书籍或上网查找相关的例程和资料,也可以参考实验三的例程,结合相关资料弄懂实验原理和实验的实现方法后,再自己动手编写程序,编译好后烧入单片机,按照本章实验一中的接线要求进行接线,接线完成后通电,观察 LED 点阵上的显示内容。(具体的下载程序方法可以参见前面实验中的说明)

【思考题】

如何编写程序以实现内容从上至下逐行滚动循环显示?

实验五　上位机软件控制广告屏显示实验

【实验目的】

（1）掌握上位机软件控制广告屏显示的方法。

（2）了解 LED 显示屏的一些基本应用。

【实验内容】

通过上位机软件对广告屏进行控制。

【实验仪器】

（1）实验平台一台。

（2）单色 LED 广告显示屏一套。

（3）连接导线若干。

（4）标准 9 芯串口线/USB 转串口线一根。

【实验原理】

在 PC 机上对上位机软件进行设置，如广告屏的显示内容、显示方式、显示时间等参数，设置完成后通过串口将数据发送到控制卡，控制卡会按照上位机设置方式对屏进行控制显示。

【注意事项】

（1）连线之前要保证电源关闭。

（2）严禁带电进行线和器件的插拔。

（3）严禁将任何电源对地短路。

【实验步骤】

（1）接线。单色 LED 广告显示屏的电源线（带有红黑插头）接 +5 V/10 AD 的电源，黑色头接到台体电源部分的"GND1"，红色头接到台体"+5 V"（"GND1"上方）；单色 LED 广告显示屏的数据排线接到单色 LED 控制部分的"数据输出 1"，再用串口线将 PC 机连到台体单色 LED 广告显示屏的"DB9 串口"。

（2）通过上位机软件对显示内容进行设定和控制。打开上位机软件（双击" 🐾 I Show 2015 (V5.0.4.9) " 图标），打开后界面如图 3-5-1 所示。

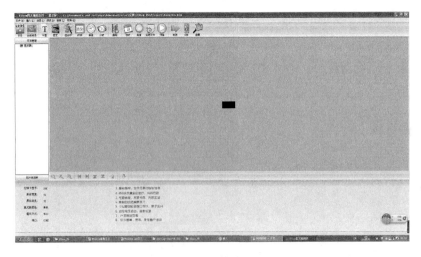

图 3-5-1　上位机软件打开界面

① 新建工程,如图 3-5-2 所示。

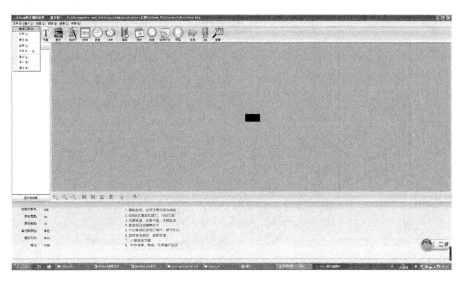

图 3-5-2　新建工程界面

点击"新建工程",弹出界面如图 3-5-3 所示。

图 3-5-3　屏幕参数界面

② 在弹出的窗口中设置屏体参数为:卡型号"X8",宽度"64",高度"128",单元板类型"msw – 1",如图 3-5-4 所示。

图 3-5-4　屏幕参数设置

再点击"确定",如图 3-5-5 所示。

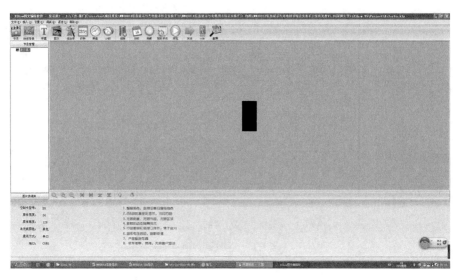

图 3-5-5　设置完成界面

③ 创建"节目1",选择显示内容"字幕",再输入要显示的内容,可以设置字体相应的属性,如图 3-5-6 所示。

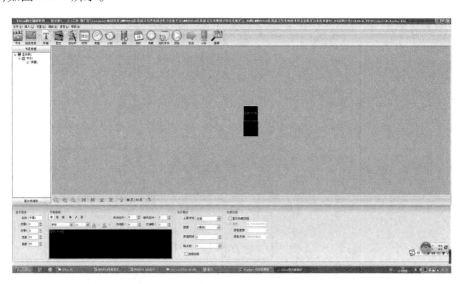

图 3-5-6　字幕设置界面

④ 对"基本属性"进行设置。位置 X 为"0",位置 Y 为"64",宽度为"64",高度为"32"。其他属性根据需要自行设置,例如,显示属性中的上屏方式为"左移",速度为"20",停留时间为"0",跳点数为"0";选择"显示动感边框",如图 3-5-7 所示。

图 3-5-7　字幕基本属性设置

⑤ 再对通讯参数进行设置。进入"设置—通讯参数—选择通讯模式—串口"（如图 3-5-8），单击"下一步"。选择 PC 机上用串口线连线的相应响应"COM"端口，打开台体总开关和单色 LED 广告显示屏区的开关，进行通讯测试。若测试不成功，则查找相应原因并解决，直到通讯测试成功（如图 3-5-9）。

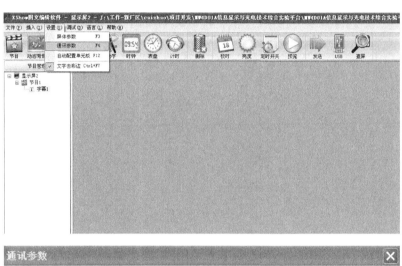

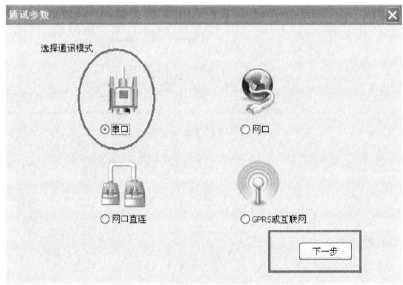

图 3-5-8　通讯参数设置界面一

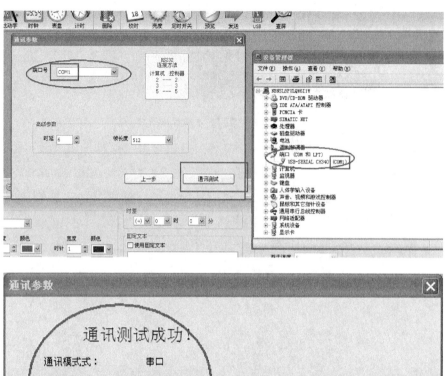

图 3-5-9　通讯参数设置界面二

⑥ 通讯成功后,选择"发送"(如图 3-5-10)。发送完毕后即可看到广告屏上显示的设定内容。

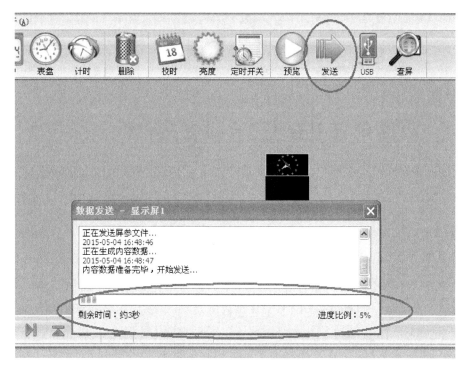

图 3-5-10 设置成功界面

【思考题】

如果要改变播放内容的播放速度,上屏方式和停留时间应该怎样在软件中进行设置?

第 四 章

双色 LED 显示驱动模块实验

随着 LED 显示技术及原材料市场的迅猛发展,各种 LED 器件及相关产品相继出现,其中双色 LED 被广泛应用于显示、光通信、照明等领域。

从 LED 的发光机理可以知道,当向 LED 施加正向电压时,流过器件的正向电流使其发光。因此 LED 的驱动就是如何使它的 PN 结处于正偏置,而且为了控制它的发光强度,还要解决正向电流的调节问题。LED 显示器件种类较多,驱动方法也各不相同。但是,无论哪种类型的器件及使用什么不同的驱动方法,它们都是以调整施加到像素上的电压、相位、频率、峰值、有效值、时序、占空比等一系列的参数来建立一定的驱动条件,从而实现显示的。

LED 为电流驱动器件,单独驱动几个 LED 是比较简单的。然而,随着 LED 数量的增加,点亮 LED 所需的能量也就会增大到难以处理的水平。因此,为了有效地利用能量,通常都是多个 LED 排列在一起,LED 显示屏就是将多个 LED 按矩阵布置的。点阵 LED 与笔段型 LED 类似,也有共阴和共阳两种结构。如果点阵 LED 的阴极接行线、阳极接列线,则称其为共阴点阵 LED;如果点阵 LED 的阳极接行线、阴极接列线,则称其为共阳点阵 LED。双色 LED 点阵共阳、共阴结构如图 4-0-1 所示。

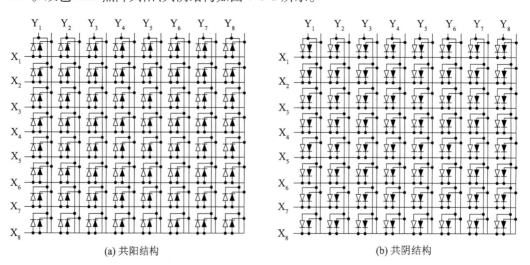

(a) 共阳结构　　　　　　　　　(b) 共阴结构

图 4-0-1　双色 LED 点阵的两种结构

这两种结构的 LED 的驱动方法不同。对于共阳极结构来说，列电极接一吸电流源；而对于共阴极的结构，列电极接一灌电流源。图 4-0-1 中的点阵 LED 是一个 8×8 的矩阵，X 代表行电极，Y 代表列电极，右下角数字代表电极序号，LED_{ij} 代表位于第 i 行第 j 列的像素。左上角的 LED 的地址是 $(1,1)$，即第 1 行第 1 列的像素，以 LED_{11} 表示。为了导通，电流必须流过 X_1 和 Y_1。如果将 X_1 接一正电源，Y_1 接地，那么就会点亮 LED_{11}。其他的 LED 由于相对应的行或列开关没有导通，就不会有电流流过。

实验一　双色 LED 显示驱动实验

【实验目的】

（1）熟悉双色 LED 显示驱动的基本原理。
（2）了解双色 LED 静态显示。
（3）了解双色 LED 动态显示。

【实验内容】

双色 LED 显示驱动实验。

【实验仪器】

（1）实验平台一台。
（2）双色 LED 显示驱动模块一套。
（3）单色 LED 广告屏显示模块一套。
（4）连接导线若干。

【实验原理】

1. 双色 LED 显示驱动的基本原理

本实验中的双色 LED 是由 16 个 8×8 双色 LED 点阵组成，图 4-0-1a 为 8×8 双色 LED 点阵结构示意图。其中用到的芯片有锁存芯片 74HC573、八达林顿晶体管阵列 ULN2803。当 ULN2803 的输入端为高电平时，其输出端输出低电平；当 ULN2803 的输入端为低电平时，其输出端呈高阻状态。设计中用到的 ULN2803 主要是利用其强大的灌电流能力来驱动 LED 点阵。由原理图可知，行数据线与列数据线为复用，要使 LED 点阵显示一个字则必须使用动态扫描的方法。动态扫描的工作原理就是利用人眼的视觉暂留特性，在很短的时间周期内依次将 LED 点阵的每行点亮，即便 LED 点阵上的 LED 实际并没有全亮，但我们看上去却是全部亮着的。

2. 模式切换原理

模式切换按键以编码的形式可以实现 $2^5 = 32$ 种工作模式切换。本实验设置了 15 种工作模式,绿色选通由 P1.7 控制,红色选通由 P1.6 控制,低电平有效。模式位由 P1 口对应位控制,若模式位为"1",则相应的模式位指示灯亮;若模式位为"0",则相应的模式位指示灯灭(见表4-1-1)。

表 4-1-1　模式指示表

	绿色 (P1.7)	红色 (P1.6)	D8 (P1.5)	D7 (P1.4)	D6 (P1.3)	D5 (P1.2)	D4 (P1.1)	D3 (P1.0)
模式 1	1	0	1	0	0	0	0	1
模式 2	1	0	1	0	0	0	1	0
模式 3	0	1	1	0	0	0	1	1
模式 4	1	0	1	0	0	1	0	0
模式 5	0	1	1	0	0	1	0	1
模式 6	1	0	1	0	0	1	1	0
模式 7	0	1	1	0	0	1	1	1
模式 8	1	0	1	0	1	0	0	0
模式 9	0	1	1	0	1	0	0	1
模式 10	0	1	1	0	1	0	1	0
模式 11	0	1	1	0	1	0	1	1
模式 12	1	0	1	0	1	1	0	0
模式 13	1	0	1	0	1	1	0	1
模式 14	0	1	1	0	1	1	1	0
模式 15	1	0	1	0	1	1	1	1

【注意事项】

(1)实验过程中严禁短路现象发生。

(2)确保接线正确后再开启单元开关。

【实验步骤】

(1)将双色 LED 显示驱动模块及单色 LED 广告屏显示模块上的电源接口区域中的"+5 V""GND"分别与实验平台的"+5 V""GND"连接。

(2)给单色 LED 广告屏显示模块上的单片机烧录好程序"双色 LED 显示驱动模块烧录代码\LED. hex",再按如下方式连接导线。

双色 LED 显示驱动模块		单色 LED 广告屏显示模块
DL	接	
DB0 ~ DB7	依次接	P0. 0 ~ P0. 7
DL0 ~ DL3	依次接	P2. 0 ~ P2. 3
DR0 ~ DR3	依次接	P2. 4 ~ P2. 7
R	接	P1. 6
G	接	P1. 7

（3）打开模块电源开关，按动模块右下侧的模式切换键，观察实验现象。

【思考题】

谈谈本实验设置双色 LED 静态显示全亮的目的。

实验二　双色 LED 显示设计实验

【实验目的】

（1）熟悉双色 LED 静态显示。
（2）熟悉双色 LED 动态显示。
（3）设计双色 LED 显示新方式、新内容。

【实验内容】

双色 LED 显示设计实验。

【实验仪器】

（1）实验平台一台。
（2）双色 LED 显示驱动模块一套。
（3）单色 LED 广告屏显示模块一套。
（4）配套 USB 下载线一根。
（5）带有 USB 2.0 输入端口的计算机一台。
（6）连接导线若干。

【实验原理】

（1）通过修改程序中的对应部分，更改显示方式。可以增加工作模式，程序中的对应部分如图 4-2-1 所示。

```
            while (0 < m < 16)
            {
               switch (m)
               {
                  case 1：                    //case 1：红色静态全亮测试
                       P1 = 0xA1；        //模式指示, 红灯使能
                       for( i = 0；i < 8；i + + )
                       {
                            if (0 = = g) .
                            {
                              m + + ；
                              if ( m > 15)
                              {
                                   m = 1 ；
                              }
                            }
                       }
               }
            }
```

图 4-2-1 显示方式修改部分示意图

（2）通过修改程序中的对应部分，更改显示内容。对字模进行修改，对工作模式中 Display 调用的字模对应进行修改。程序中的对应部分如图 4-2-2 所示。

```
    case 6：                           //case 6：显示红色交叉图案
         P1 = 0xA6；                    //模式指示, 红色使能
         Display( jiaoc)；              //显示红色交叉图案
         break；
    case 7：                           //case 7：显示绿色自行车动态图案
         P1 = 0x67 ；                   //模式指示, 绿色使能
         style% = 2；                   //模式显示图案个数为 2
         keeptime = 8；                 //每种图案保持时间为 8
    if ( style == 0)
         Display( zixc)；               //显示绿色自行车图案
    else
         Display( zixcd)；              //显示绿色自行车动图案
         break；
    case 8：                           //case 8：显示红色行人站立图案
```

```
            P1 = 0xA8 ;                    //模式指示,红色使能
            Display( renzl );              //显示行人站立图案
            break ;

        case 9：                           //case 9:显示绿色行人走图案
            P1 = 0x69;                     //模式指示, 绿色使能
            Display( renz );               //显示行人走图案
            break ;

        case 10：                          //case 10:静态显示绿色"众"字
            P1 = 0x6A;                     //模式指示,绿色使能
            Display ( zhong );             //显示绿色"众"字
            break ;

        case 11：                          //case 11:静态显示绿色"友"字
            P1 = 0x6B ;                    //模式指示,绿色使能
            Display ( you ) ;              //显示绿色"友"字
            break ;

        case 12：                          //case 12：显示红色向左图案
            P1 = 0xAC;                     //模式指示,红色使能
            Display ( xzuo );              //显示红色向左图案
            break ;

        case 13：                          //case 13：显示红色向右图案
            P1 = 0xAD;                     //模式指示,红色使能
            Display ( xyou );              //显示红色向右图案
            break ;
```

图 4-2-2　显示内容修改部分示意图

（3）取字模的软件为"汉字字库的点阵提取程序",此软件为绿色软件,无须安装,双击"PCtoLCD2002. exe"运行程序,界面如图 4-2-3 所示。

点击工具栏中的"模式",选择"字符模式",再点击工具栏中的"选项",弹出"字模选项"对话框,设置"点阵格式"为"阴码","取模走向"为"逆向","取模方式"为"列行式","每行显示数据"中的"点阵"设为"128",其他参数设置可参考图 4-2-4 所示。

然后在文本输入框内输入字符或汉字,如图 4-2-3 所示,点击右侧"生成字模""保存字模",将文本保存在指定位置,再打开保存的文本,将字模对应编码填写在程序中对应位置,即完成程序显示字符的修改。

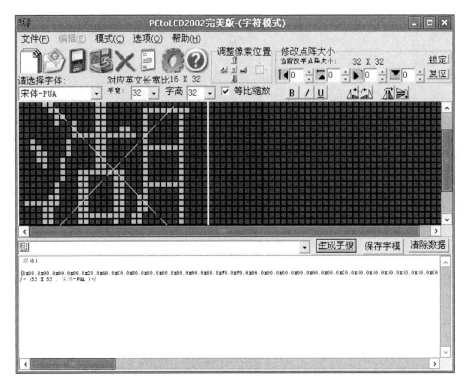

图 4-2-3　汉字字库的点阵提取程序界面图

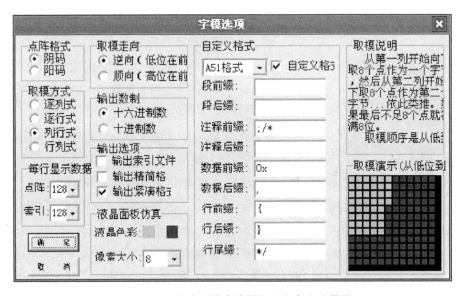

图 4-2-4　汉字字库的点阵提取程序参考设置图

点击图 4-2-3 工具栏中的"模式",选择"图形模式"。选择"新建图像",可手动设置所建图像的尺寸,如图 4-2-5 所示。

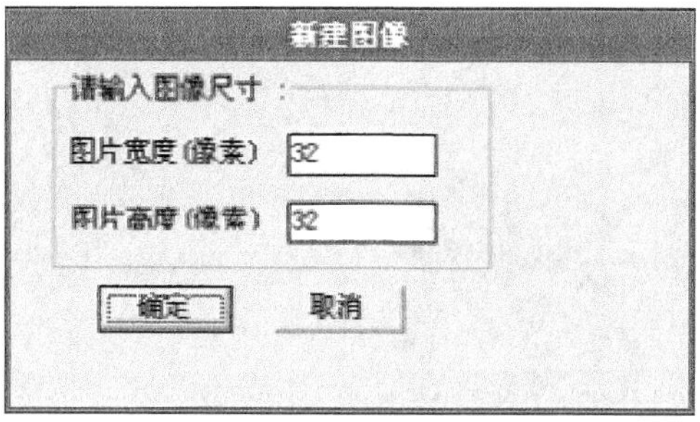

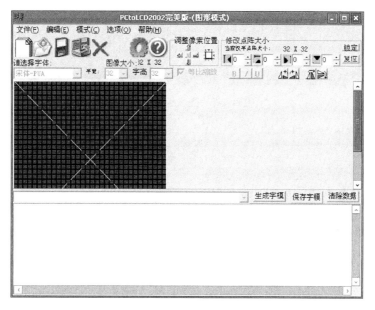

图 4-2-5　新建图像设置

单击"确定"后出现图 4-2-6 所示界面。

图 4-2-6　图像设置界面

在图 4-2-6 中点击"文件—打开图像",或者在方框区域进行图像的手动绘制,点击鼠标左键可以在方框任意区域进行画图,点击鼠标右键可以将绘制的图像擦除。图像绘制好后,点击"生成字模""保存字模",将文本保存在指定位置,再打开保存的文本,将字模对应编码填写在程序中对应位置,即完成程序显示图像的修改,如图 4-2-7 所示。

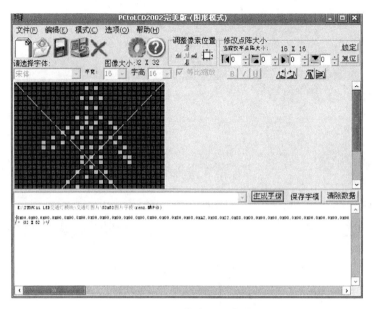

图 4-2-7　图像绘制示意图

【注意事项】

（1）实验过程中严禁短路现象的发生。

（2）确保接线正确后再开启单元开关。

【实验步骤】

（1）在 PC 机上安装串口转 USB 驱动（注：建议为 Windows XP 操作系统所用）、程序开发环境为 Keil uVision3 和程序烧录工具 STC_ISP，如图 4-2-8 所示。

图 4-2-8　相关软件安装示意图

（2）将单色 LED 广告屏显示模块上的电源接口区域中的"+5 V""GND"与实验平台的"+5 V""GND"分别连接。

（3）将写好的程序编译链接后产生的机器代码用程序烧录工具 STC_ISP 下载到单片机。

（4）按程序功能连接好导线，打开模块电源开关，按动模块右下侧的模式切换键，观察实验现象。

【思考题】

参考本实验程序，思考如何添加相应的字符或图像显示。

第五章

全彩 LED 显示屏控制实验

（一）概述

随着 LED 相关产业及控制技术、网络和通信技术的发展，LED 显示的应用越来越广泛，全彩 LED 显示屏是电子显示屏在 LED 产业及相关技术得到发展后的综合产物。LED 显示屏是由若干个 LED 模组组成，模组又由若干个 LED 排列而成。在一定条件下，所用模组越多，组合而成的 LED 显示屏越大，对电流和功率的要求也越高。

LED 模组就是把 LED 按一定规则排列在一起再封装起来的产品。在结构和电子方面，LED 模组存在很大的差异。

起初，市场上出现的 LED 模组为直插式 LED 模组，即草帽模组（或钢盔模组、美人鱼模组）。由于采用的两脚灯珠结构简单，原材料成本低，所以最先被大规模使用。但初期芯片尺寸小、亮度不高、光衰大，这才出现了后来广泛使用的食人鱼模组。在七彩、全彩模组方面，九灯草帽模组至今被广泛使用。一方面，广告工程商及终端客户使用起来性价比相对较高；另一方面，芯片的尺寸由 9 MIL、10 MIL、12 MIL 一路发展到 14 MIL、23 MIL 甚至更高，在亮度上也满足了不同客户的需求。

2005 年，市场上出现了 LED 食人鱼模组。食人鱼模组在亮度和价格上相对于草帽模组都有所提高。食人鱼的发光角度种类多，有 F5—90°、F3—120°、平头—180°等（角度的不同是由 LED 的光学透镜决定的）。使用者可以根据不同的角度用在不同厚度的亚克力字体中。一般来说，90°的发光角度要求亚克力字的厚度为 10～15 cm，120°则为 10 cm 左右，180°为小于等于 8 cm。食人鱼模组之所以比草帽模组亮度高，主要原因是因为其有四支脚，相对草帽模组散热好，所以可以调大 5 cm 厚度。但食人鱼模组比草帽模组相对价格高，光衰也依旧很大。

2007 年，市场上出现 SMD 模组，即 LED 贴片模组。贴片模组优点众多：亮度更高、散热更好、寿命更长、角度更大，是模组中的佼佼者。

目前市场上最流行的就是 LED 贴片模组，它可由静态、发光单色、交替闪、群控七彩变到点控扫描动画效果。而全彩贴片模组配合一定的控制方式，则能带来极具冲击力的视觉效果。

LED 模组使用说明：

（1）现阶段模组电源电压都为低压直流电源,切忌将 LED 模组直接接入市电交流 220 V 通电,否则会将 LED 模组烧坏。

（2）为避免开关电源长时间满负荷工作,开关电源与 LED 负载功率最佳比例为 1∶0.8,按照如此配置,产品的使用寿命会更加持久。

（3）如果模组超过 25 组,则应先分开连接,再由横截面大于 1.5 mm² 的优质铜芯线并联在一起连接到发光字箱体外。电源线长度应该尽可能短,如果超过 3 m,必须适当增加线径。为避免短路,模组末端不用的连线一定要剪断,粘贴一定要牢固,必要时使用自攻螺钉固定。不防水系列在户外使用时,槽型字必须做好防水措施。

（4）要有足够的亮度。

（5）在使用 LED 发光模组的过程中,一定要注意电压降的问题。不要只做一条回路,从首串联尾。这样做不仅会使首尾之间由于电压不同而导致亮度不一致,还会产生单路电流过大从而烧毁线路板的问题。正确的做法是尽量多些并联回路,以保证电压和电流的合理分配。

（6）字腔内部如需使用防腐材料,最好是用白色底漆,以增加其反光系数。按照置于室内和室外,LED 显示屏可以分为室内屏和室外屏,同时模组也分为室内用和室外用两种。根据 LED 的不同,有草帽 LED 模组和贴片 LED 模组两种;按照 LED 尺寸大小和间距,有 F5、P4、P5、P8、P10 等 12 种。

（二）参数

（1）电压:目前直流低压模组是比较普遍的。在连接电源和控制系统的时候一定要检查电压值的正确性,然后才能通电,否则就可能损坏 LED 模组。

（2）工作温度:即 LED 正常工作的温度,通常在 −20 ~ +60 ℃ 之间。

（3）发光角度:一般以厂家提供的 LED 发光角度为 LED 模组的发光角度。

（4）亮度:通常在 LED 模组中所说的亮度是指发光强度和流明度。

（5）防水等级:如果在户外用 LED 模组,防水等级就很重要,通常在全露天的情况下防水等级要达到 IP68。

（6）尺寸:即通常所说的长、宽、高等尺寸。

（7）单条连接的最大长度:即在一条串联 LED 模组中所连接的 LED 模组的个数。

（8）功率:LED 模组的功率 = 单个 LED 的功率 × LED 的个数 ×1.1。此公式为经验公式,具体功率参数应以实际测量为准。

实验一　全彩 LED 计时显示实验

【实验目的】

（1）了解全彩 LED 正计时显示。

（2）了解全彩 LED 倒计时显示。

【实验内容】

显示全彩 LED 正计时、倒计时内容。

【实验仪器】

（1）实验平台一台。

（2）全彩 LED 显示屏一套。

（3）带牛角插头的 16 芯排线一根。

（4）9 芯串口线一根。

（5）连接导线若干。

【实验原理】

全彩 LED 屏由三色 LED 组成,每个 LED 包括红、绿、蓝三芯,可单独点亮其中任意一芯,独立显示红色、绿色和蓝色,也可进行三色的任意组合,加上每一种颜色亮度可调,因此可以显示全彩色。实验平台上的显示屏由两块该单元板组成。"城市电视"也是由多块这样的单元板组合而成的。

【注意事项】

（1）连线之前要保证电源关闭。

（2）严禁带电进行线和器件的插拔。

（3）严禁将任何电源对地短路。

【实验步骤】

（1）接线。全彩 LED 显示屏的电源线(带有红黑插头)接 +5 V/10 AD 的电源,黑色头接到台体电源部分的"GND1",红色头接到台体"+5 V"("GND1"上方);全彩 LED 显示屏的数据排线接到全彩 LED 控制部分的"数据输出3",再用串口线将 PC 机连到台体全彩 LED 显示控制区的"DB9 串口"。

（2）通过上位机软件对显示内容进行设定和控制。打开上位机软件(双击"E.Show 2015(V5.0.4.9)"

图标),打开后界面如图 5-1-1 所示。

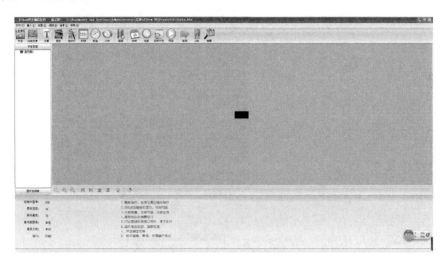

图 5-1-1　打开上位机软件

① 新建工程,如图 5-1-2 所示。

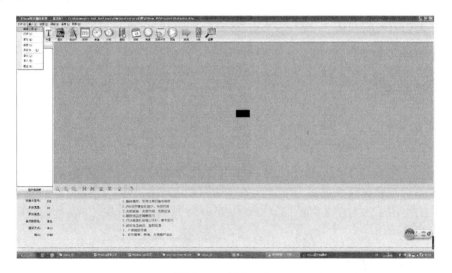

图 5-1-2　新建工程

点击"新建工程",弹出界面如图 5-1-3 所示。

图 5-1-3　新建工程弹出界面

② 在弹出的窗口中设置屏体参数为：卡型号"X8"，宽度"64"，高度"128"，单元板类型"msw – RGB"，如图 5-1-4 所示。

图 5-1-4　设置屏体参数界面

再点击"确定"，如图 5-1-5 所示。

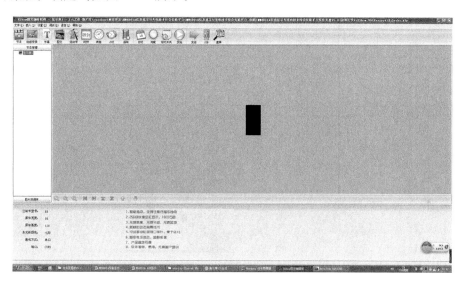

图 5-1-5　设置确定后的界面

（3）选中 ，计时属性设置界面如图 5-1-6 所示。

（4）根据需要，对计时属性进行相应的设置。

（5）左键点击"节目 1"，选择"播放型式—定长播放"，即可设置定长播放时长，如图 5-1-7 所示。

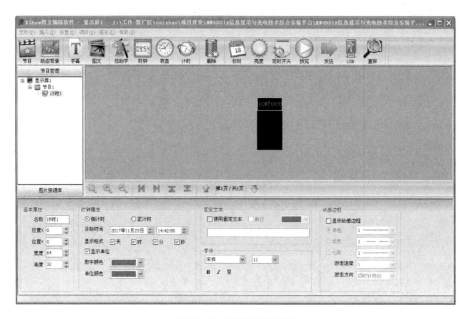

图 5-1-6　时钟属性界面

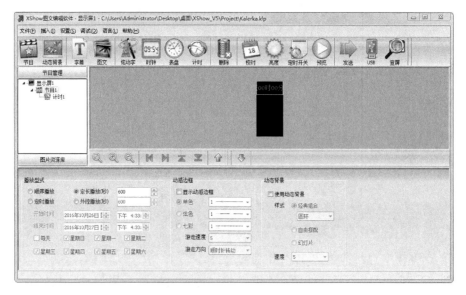

图 5-1-7　节目 1 中"定长播放"界面

（6）再对通讯参数进行设置。进入"设置—通讯参数—选择通讯模式—串口"，再选择 PC 机上用串口线连线的相应响应"COM"端口，打开台体总开关和全彩 LED 显示控制区的开关，再进行通讯测试。若测试不成功则查找相应原因并解决，直到通讯测试成功。

（7）通讯成功后，选择"发送"。发送完毕即可看到广告屏上显示的设定内容。

【思考题】

本实验是如何设置"倒计时"时钟的？

实验二　全彩 LED 时钟显示实验

【实验目的】

了解全彩 LED 时钟显示。

【实验内容】

全彩 LED 时钟显示。

【实验仪器】

（1）实验平台一台。

（2）全彩 LED 显示屏一套。

（3）带牛角插头的 16 芯排线一根。

（4）9 芯串口线一根。

（5）连接导线若干。

【实验原理】

通过上位机发送时钟命令，将模块内部时钟显示于 LED 屏上。

【注意事项】

（1）连线之前要保证电源关闭。

（2）严禁带电进行线和器件的插拔。

（3）严禁将任何电源对地短路。

【实验步骤】

（1）接线。全彩 LED 显示屏的电源线（带有红黑插头）接 +5 V/10 AD 的电源，黑色头接到台体电源部分的"GND1"，红色头接到台体"+5 V"（"GND1"上方）；全彩 LED 显示屏的数据排线接到全彩 LED 控制部分的"数据输出 3"；再用串口线将 PC 机连到台体全彩 LED 显示控制区的"DB9 串口"。

（2）此步骤同"实验一 全彩 LED 计时显示实验"的步骤（2）。

（3）选中，时钟属性如图 5-2-1 所示。

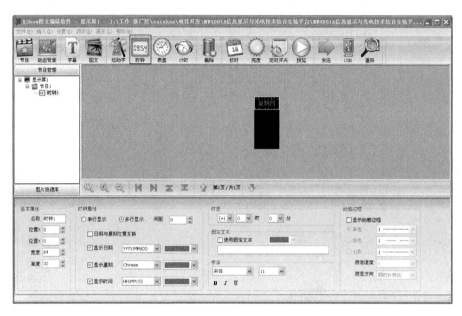

图 5-2-1　时钟属性

（4）根据需要，对时钟属性进行相应的设置。

（5）左键点击"节目1"，选择"播放型式—定长播放"即可设置定长播放时长，如图 5-2-2 所示。

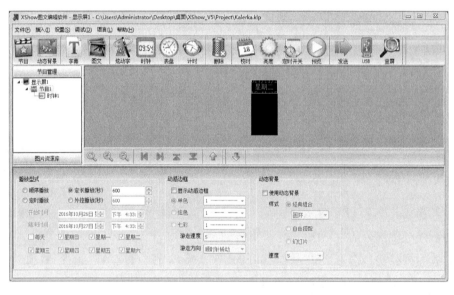

图 5-2-2　节目1中"定长播放"界面

（6）再对通讯参数进行设置。进入"设置—通讯参数—选择通讯模式—串口"，再选择 PC 机上用串口线连线的相应响应"COM"端口，打开台体总开关和全彩 LED 显示控制区的开关，再进行通讯测试。若测试不成功则查找相应原因并解决，直到通讯测试成功。

（7）通讯成功后，选择"发送"。发送完毕即可看到广告屏上显示的设定内容。

【思考题】

为什么添加数字时钟时只显示部分内容?

实验三　全彩 LED 文本静态显示实验

【实验目的】

了解全彩 LED 文本静态显示。

【实验内容】

全彩 LED 文本静态显示。

【实验仪器】

(1) 实验平台一台。

(2) 全彩 LED 显示屏一套。

(3) 带牛角插头的 16 芯排线一根。

(4) 9 芯串口线一根。

(5) 连接导线若干。

【实验原理】

通过本章实验一和实验二我们已经了解了全彩 LED 显示的基本操作,本实验中模块显示内容为 PC 机端编辑,将控制命令及数据通过串口下发至模块,由模块内部提供相关数据及驱动信号。

【注意事项】

(1) 连线之前要保证电源关闭。

(2) 严禁带电进行线和器件的插拔。

(3) 严禁将任何电源对地短路。

【实验步骤】

(1) 接线。全彩 LED 显示屏的电源线(带有红黑插头)接 +5 V/10 AD 的电源,黑色头接到台体电源部分的"GND1",红色头接到台体"+5 V"("GND1"上方);全彩 LED 显示屏的数据排线接到全彩 LED 控制部分的"数据输出 3";再用串口线将 PC 机连到台体全彩 LED 显示控制区的"DB9 串口"。

（2）此步骤同"实验一　全彩 LED 计时显示实验"的步骤（2）。

（3）选中 T，进行字幕编辑，显示属性设置如图 5-3-1 所示。

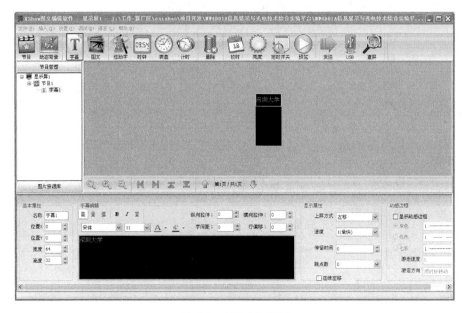

图 5-3-1　显示属性设置

（4）根据需要，对文本属性进行相应的设置。

（5）再对通讯参数进行设置。进入"设置—通讯参数—选择通讯模式—串口"，再选择 PC 机上用串口线连线的相应响应"COM"端口，打开台体总开关和全彩 LED 显示控制区的开关，再进行通讯测试。若测试不成功则查找相应原因并解决，直到通讯测试成功。

（6）通讯成功后，选择"发送"。发送完毕即可看到广告屏上显示的设定内容。

【思考题】

如何设置文本静态显示？

实验四　全彩 LED 文本动态显示实验

【实验目的】

了解全彩 LED 文本动态显示。

【实验内容】

全彩 LED 文本动态显示。

【实验仪器】

（1）实验平台一台。

（2）全彩 LED 显示屏一套。

（3）带牛角插头的 16 芯排线一根。

（4）9 芯串口线一根。

（5）连接导线若干。

【实验原理】

本实验中模块显示内容为 PC 机端编辑，将控制命令及数据通过串口下发至模块，由模块内部提供相关数据及驱动信号。

【注意事项】

（1）连线之前要保证电源关闭。

（2）严禁带电进行线和器件的插拔。

（3）严禁将任何电源对地短路。

【实验步骤】

（1）前三个实验步骤同"实验三　全彩 LED 文本静态显示实验"的实验步骤（1）~（3）。

（2）根据需要，对文本属性进行相应的设置。主要是在静态的基础上，设置"显示属性"中的"上屏方式"及"速度"，同时增加"动感边框"等功能，如图 5-4-1 所示。

图 5-4-1　文本属性设置界面

（3）再对通讯参数进行设置。进入"设置—通讯参数—选择通讯模式—串口"，再选择 PC 机上用串口线连线的相应响应"COM"端口，打开台体总开关和全彩 LED 显示控制区的开关，再进行通讯测试。若测试不成功则查找相应原因并解决，直到通讯测试成功。

（4）通讯成功后，选择"发送"。发送完毕后即可看到广告屏上显示的设定内容。

【思考题】

如何设置多文本不同模式的显示？

实验五 全彩 LED 文本动态显示设计实验

【实验目的】

掌握全彩 LED 文本动态显示设计。

【实验内容】

全彩 LED 文本动态显示设计。

【实验仪器】

（1）实验平台一台。

（2）全彩 LED 显示屏一套。

（3）带牛角插头的 16 芯排线一根。

（4）9 芯串口线一根。

（5）连接导线若干。

【实验原理】

本实验中模块显示内容为 PC 机端编辑,将控制命令及数据通过串口下发至模块,由模块内部提供相关数据及驱动信号。

【注意事项】

（1）连线之前要保证电源关闭。

（2）严禁带电进行线和器件的插拔。

（3）严禁将任何电源对地短路。

【实验步骤】

（1）前两个实验步骤同"实验一 全彩 LED 计时显示实验"的步骤（1）和（2）。

（2）选中 ▨,文本输入编辑,显示属性设置如图 5-5-1 所示。

图 5-5-1　显示属性设置界面

（3）根据需要,对文本属性进行相应的设置,如图 5-5-2 所示。

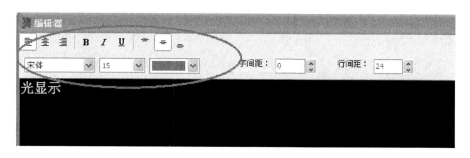

图 5-5-2　文本属性编辑器设置

（4）对显示属性进行设置。上屏方式设为"上移",速度设为"1",如图 5-5-3 所示。

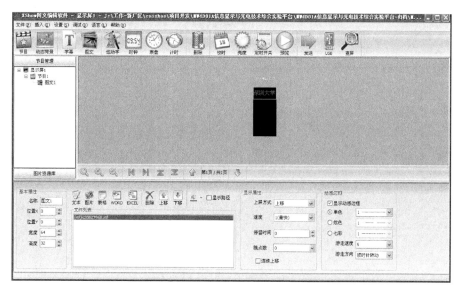

图 5-5-3　显示方式设置界面

（5）再对通讯参数进行设置。进入"设置—通讯参数—选择通讯模式—串口",再选择 PC 机上用串口线连线的相应响应"COM"端口,打开台体总开关和全彩 LED 显示控制区的开关,再进行通讯测试。若测试不成功则查找相应原因并解决,直到通讯测试成功。

（6）通讯成功后，选择"发送"，发送完毕即可看到广告屏上显示的设定内容。

【思考题】

如何设计大型长条广告屏中的文本动态显示？

实验六　全彩 LED 广告屏拼接实验

【实验目的】

掌握全彩 LED 广告屏拼接方法。

【实验内容】

64×32 全彩 LED 广告屏拼接实验。

【实验仪器】

（1）实验平台一台。

（2）全彩 LED 显示屏一套。

（3）带牛角插头的 16 芯排线一根。

（4）9 芯串口线一根。

（5）连接导线若干。

【实验原理】

全彩 LED 单元板的拼接，是用带牛角插头的 16 芯排线连接起来，拼接更大的全彩 LED 广告屏。屏幕显示内容为 PC 机端编辑，将控制命令及数据通过串口下发至模块，由模块内部提供相关数据及驱动信号。全彩屏控制框图如图 5-6-1 所示。

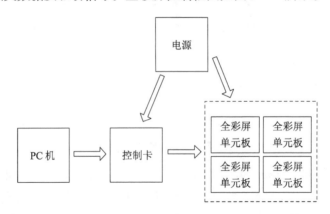

图 5-6-1　全彩屏控制框图

全彩屏显示系统接线框图如图 5-6-2 所示。

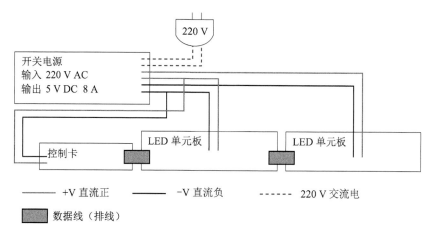

图 5-6-2　全彩屏显示系统接线框图

单元板的分辨率为 64×32,有输入、输出接口,模块和实验平台已将对应接口引出至面板上,方便使用。要设计更大的全彩屏,必须通过 LED 单元板的拼接,拼接方法如下:

(1) 串联拼接:利用全彩 LED 显示及控制模块上的接口 1 作为输出接口,联合实验平台上的 LED 全彩屏的输入、输出接口进行串联拼接。

(2) 并联拼接:利用全彩 LED 显示及控制模块上的接口 1 和接口 2 作为输出接口,联合实验平台上的 LED 全彩屏的输入接口进行并联拼接。

(3) 串并结合方式拼接:并联拼接后再进行串联拼接,直到满足工程设计要求的分辨率为止。

【注意事项】

(1) 连线之前要保证电源关闭。

(2) 严禁带电进行线和器件的插拔。

(3) 严禁将任何电源对地短路。

(4) 计算总电流,确保电源供电无问题。

(5) 计算连接导线要求,确保导线能长时间正常工作。

【实验步骤】

(1) 用串口线将模块上的串口与 PC 机连接。

(2) 用带牛角插头的 16 芯排线将控制卡输出接口与 LED 显示屏输入接口连接,组成大型全彩 LED 显示屏,组成方式见实验原理的拼接方法,利用控制卡输出接口中的“数据输出 3”进行串联拼接设计。

(3) 用实验平台上的 +5 V/10 A 电源给模块供电,当全彩 LED 单元板较多时,应考虑单独电源供电。

（4）打开模块电源开关,给模块供电。

（5）打开全彩 LED 显示及控制模块上位机软件。

（6）点击界面中左上角的"节目",再点击"设置—屏体参数",设置相关参数。

（7）点击"发送",发送成功后即可显示相关内容。

（8）添加窗口及相关显示内容。

（9）点击"发送",发送成功后即可显示相关内容。

（10）选中左侧信息、窗口、节目、屏幕等内容,通过右上侧的"删除"来取消相应项。

【思考题】

谈谈大型全彩 LED 广告屏的第一块单元板所在位置,以及这样放置的好处。

第 六 章

LED 照明驱动模块实验

由于 LED 光特性通常都描述为光通量(Φ)与电流(I_F)的关系曲线,因此,采用恒流源驱动可以更好地控制亮度。此外,LED 的正向压降变化范围比较大(最大可达 1 V 以上),电压(V_F)的微小变化会引起较大的电流 I_F 变化,从而引起亮度的较大变化。所以,采用恒压源驱动不能保证 LED 亮度的一致性,并且影响 LED 的可靠性、寿命和光衰。因此,超高亮 LED 通常采用恒流源驱动。

基于发光二极管的半导体照明光源与灯具的制造是下游产业,驱动电路属于下游产业中技术含量较高的领域。虽然 LED 驱动部分占 LED 灯具的成本比重只有1/9,但若没有高性能驱动电路的配合,LED 的优点根本没办法发挥。当前,由于先进的集成工艺,驱动电路的外围原件越来越少,电路的核心在于集成驱动芯片。

白光 LED 的应用场合有手机、手持式装置、液晶面板背光源、汽车头灯、户外户内及办公室的灯光来源等。由于通用室内照明还没有普及,驱动 IC 主要集中在低压便携式电子设备领域。汽车照明和道路交通照明的应用需求使得相关驱动 IC 随之增加。

LED 驱动将向着高效率、高驱动能力、小体积、高集成度、低电磁干扰、高可靠性方向发展。在避免电磁干扰的情况下,缩小储能器件的体积、提高效率依然是未来发展的重点。随着新技术的成熟,LED 驱动控制将与电源技术、太阳能技术等有机地结合。

(一) 调光技术

在手机及其他消费电子产品中,白光 LED 越来越多地被用作显示屏的背光源。近年来,许多产品设计者希望白光 LED 的光亮度在不同的应用场合能够做相应的变化。这就意味着,白光 LED 的驱动器应能够支持 LED 光亮度的调节功能。目前,调光技术主要有三种:PWM 调光、模拟调光和数字调光。

市场上很多驱动器都能够支持其中的一种或多种调光技术。

1. PWM 调光

PWM Dimming（脉宽调制）调光方式是一种利用简单的数字脉冲反复开关白光 LED 驱动器的调光技术。应用者的系统只需要提供宽窄不同的数字脉冲,即可简单地实现改变输出电流,从而调节白光 LED 的亮度。PWM 调光的优点在于其能够提供高质量的白光,应用简单且效率高。

但是,PWM 调光也有其劣势,主要表现在如下方面:

PWM 调光很容易使得白光 LED 的驱动电路产生人耳听得见的噪声。通常白光 LED 驱动器都属于开关电源器件,其开关频率在 1 MHz 左右,因此在驱动器的典型应用中是不会产生人耳听得见的噪声。但是,当驱动器进行 PWM 调光时,如果 PWM 信号的频率正好落在 20 Hz 到 20 kHz 之间,那么白光 LED 驱动器周围的电感和输出电容就会产生人耳听得见的噪声,所以设计时要避免使用 20 kHz 以下的低频段。

2. 模拟调光

相对于 PWM 调光,如果能够改变相应的电阻值,同样能够改变流过白光 LED 的电流,从而改变 LED 的光亮度。这种技术称为模拟调光。

模拟调光最大的优势是它避免了因调光产生的噪声。在采用模拟调光技术时,LED 的正向导通压降会随着 LED 电流的减小而减小,使得白光 LED 的能耗也有所降低。但是有别于 PWM 调光技术,在模拟调光时白光 LED 驱动器始终处于工作模式,并且驱动器的电能转换效率随着输出电流的减小而急速下降。所以,采用模拟调光技术往往会增大整个系统的能耗。模拟调光技术还有一个缺点,由于它是直接改变白光 LED 的电流,这导致白光 LED 的白光质量也发生了变化。

3. 数字调光

除了 PWM 调光和模拟调光外,有些厂商的驱动器还支持数字调光。具备数字调光技术的白光 LED 驱动器会有相应的数字接口。该数字接口可以是 SMB、I2C,或者是单线式数字接口。根据具体的通信协议,给驱动器一串数字信号,就可以使得白光 LED 的亮度发生变化。

(二) LED 驱动分类

实际应用中,种类繁多的 LED 驱动按照工作特点可以分为三大类:直流驱动、恒流驱动和脉冲驱动。

1. 直流驱动

直流驱动是最简单的驱动方法,它是由电阻(R)与 LED 串联后直接连接到电源 VCC 上。连接时令 LED 的阴极接电源的负极方向,阳极接电源的正极方向。只要保证 LED 处于正偏置,LED 与 R 的位置是可以互换的。直流驱动时,LED 的工作点是由电源电压、串联电阻 R 和 LED 的伏安特性共同决定。对应于工作点的电压和电流分别为 V_F 和 I_F。改变电源 VCC 的值或 R 的值,就可以调节 I_F 的值,从而调节 LED 的发光强度。这种驱动方式适合 LED 器件较少、发光强度恒定的情况,例如公交车上用于显示"×××路"字样的显示器,就可以使用直流驱动。一方面,它显示的字数很少;另一方面,它的显示内容固定不变。因此,只要在需要显示字样的笔画上排列 LED 发光灯就行了,这样一块屏上大约只有100 只管子。采用直流驱动可以简化电路,降低造价。直流驱动电路的电源电压、电阻及

LED 器件的串并联方式都应该仔细选择,以便在满足发光强度的情况下尽量节约电能。

2. 恒流驱动

由于 LED 器件的伏安特性曲线比较陡,再加上器件的分散性,这使得在同样的电源电压和限流电阻的情况下,各器件的正向电流并不相同,发光强度也有差异。如果能够对 LED 正向电流直接进行恒流驱动,只要恒流值相同,发光强度就比较接近(注:这种情况同样存在着发光强度与正向电流之间各器件的分散性,但是这种分散性没有伏安特性曲线那么陡,所以影响也就小得多)。由于晶体管的输出特性具有恒流性质,所以可以用晶体管驱动 LED。

3. 脉冲驱动

利用人眼的视觉惰性,采用向 LED 器件重复通断供电的方法使之点亮,就是所谓的脉冲驱动方式。脉冲驱动的主要应用有两个,即扫描驱动和占空比驱动。扫描驱动的主要目的是节约驱动器,简化电路;占空比驱动的目的是调节器件的发光强度,主要用于图像显示的灰度及控制。

(三) 驱动 IC 介绍

NU501 系列是简单的定电流组件,非常容易在各种 LED 照明产品的应用中使用。其具有绝佳的负载、电源调变率和极小的输出电流误差。NU501 系列能使 LED 的电流非常稳定,在大面积的光源上,即使电源和负载的变动范围很大,也能让 LED 亮度保持均匀一致,并增加 LED 的使用寿命。除了支持宽广的电源范围外,NU501 的 V_{DD} 引脚可以充当输出使能(OE)功能使用,再配合 PWM 数字控制线路,可达到更精准的灰阶电流控制应用。当 V_{DD} 和 V_P 引脚短接在一起时,NU501 极小工作电压的特性使其能当作一个二极管来使用,这个功能使 NU501 在应用上非常容易,就像一个二极管一样,当这个特殊的二极管应用在一串 LED 上时,即能使电流恒定。在高压电源和低 LED 负载电压的应用场合,多个NU501(Type A)能够串接起来分摊多余的电压。这种独特的高压分摊技术,非常适合在更宽广的电源电压范围内应用,而此特性是其他厂家的芯片所没有的。

Type A——照明的应用(具泄放电流,可串接应用),普通 LED 照明、LCD 背光、LED 手电筒、RGB 装饰灯。

Type B——显示的应用(无泄放电流),RGB 显示单元驱动。

NU501 单通道 Type A/B 封装形式 SOT23 − 3 如图 6-0-1 所示。

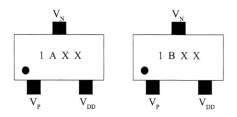

图 6-0-1　NU501 封装形式 SOT23 − 3

双通道 Type A 封装形式如图 6-0-2 所示。

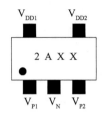

图 6-0-2 NU501 封装形式 SOT23 – 5

NU501 的引脚说明如表 6-0-1 所示。

表 6-0-1 NU501 引脚说明

引脚	功能
V_{DD}	电源
V_P	电流流入
V_N	电流流出

NU501 为线性恒流组件,在应用时需要考虑功耗与散热问题。选用组件电流越高,越需降低 NU501 的输出端压降,以避免 NU501 发出高热。降低输出端压降的方法如下:

① 在能维持恒流的情况下,尽量降低电源电压。

② 在能维持恒流的情况下,尽量增加串联恒流回路中 LED 的数量。

③ 在能维持恒流的情况下,在恒流串联回路中增加降压电阻,以减少 NU501 的输出端电压。

④ 在系统电源为 24 V 以上的工作环境中,建议在 V_{DD} 与 V_N 脚位间并联一个 0.1 ~ 10 μF 的电容,以增加电流的稳定性与可靠性。

在 LED 照明领域,要体现出节能和寿命长的特点,选择 LED 驱动器至关重要,没有好的驱动器 IC 的匹配,LED 照明的优势也无法体现。此处选用一种改善恒流和 EMI 特性的通用型高亮度 LED 驱动控制器 PT4107。PT4107 是一款高压降压式 LED 驱动控制芯片,能适应 18 V 到 450 V 的输入电压范围。PT4107 可以在 25 kHz ~ 300 kHz 的频率范围内控制外部功率 MOS 管的导通,以恒流的方式可靠地驱动 LED。PT4107 的频率可以通过外部电阻来设定。有的峰值电流控制模式可以保证在很大的输入和输出电流变化范围内,有效稳定 LED 的电流。通过选择恰当的限流电阻,能够方便地设定流经 LED 的电流。PT4107 还具有线性调光功能,在线性调光输入端施加电压可以方便地控制流过 LED 的电流,从而达到线性改变 LED 亮度的目的。此外,PT4107 也支持低频可变占空比的数字脉冲调光方式。PT4107 通过频率抖动来降低 EMI 的干扰,并具有过温检测功能。PT4107 引脚排列图及引脚排列说明如图 6-0-3 和表 6-0-2 所示。

表 6-0-2 PT4107 引脚排列说明

序号	引脚名称	描述
1	GND	芯片接地端
2	CS	LED 峰值电流采样输入端
3	LD	线性调光输入端
4	RI	振荡电阻输入端
5	ROTP	过温保护设定端
6	PWMD	PWM 调光输入端,兼做使能输入端。芯片内部有 100 K 上拉电阻
7	VIN	芯片电源端
8	GATE	驱动外部 MOSFET 栅极

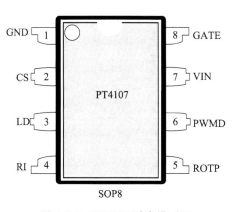

图 6-0-3 PT4107 引脚排列图

LED 照明驱动模块分为模块(一)和模块(二),分别对应直流低压照明驱动和市电照明驱动。该模块结合工业应用,采用 LED 专用电源驱动芯片,进行 LED 照明驱动相关原理的设计,主要包括 LED 串联驱动、LED 并联驱动、LED 串并联混合驱动、LED 阵列市电照明驱动、LED 阵列低压直流照明驱动等驱动方式,同时结合 PWM 调光方式进行调光控制。

实验一　LED 串联驱动特性实验

【实验目的】

掌握 LED 串联驱动方式。

【实验内容】

LED 串联驱动与测试实验。

【实验仪器】

(1) 实验平台一台。

(2) LED 照明驱动模块(一)一套。

(3) LED 照明控制模块一套。

(4) LED 特性测试模块一套。

(5) 电子器件模块一套。

(6) 连接导线若干。

【实验原理】

（1）串联 LED 直流电源直接驱动方式的实验原理如图 6-1-1 所示。

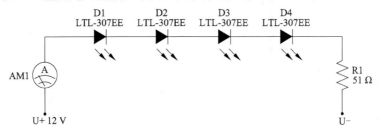

图 6-1-1　串联 LED 直流电源直接驱动方式

（2）串联 LED 三极管驱动方式的实验原理如图 6-1-2 所示。

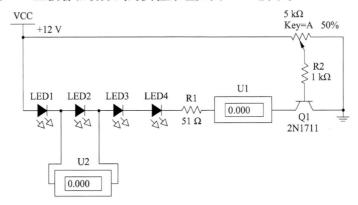

图 6-1-2　串联 LED 三极管驱动方式

【注意事项】

（1）实验过程中严禁短路现象的发生。

（2）调节旋钮时应均匀、缓慢。

【实验步骤】

上述电路图中的电阻及三极管等器件可选择"LED 照明控制模块"和"LED 特性测试模块"中的对应器件。

（1）按图 6-1-1 连接电路记下电流表读数，并用电压表测量每个 LED 两端的电压和限流电阻两端的电压，记录在表 6-1-1 中。

表 6-1-1　实验数据一

	D1	D2	D3	D4	R1
电压/V					
电流/mA					

（2）断开任意一个 LED,观察其余 LED 亮灭情况;再短接任意一个 LED,观察其余 LED 的亮度变化,以及电流表和限流电阻两端的电压变化情况。记录现象并分析原因。

情况记录及分析:

（3）按图 6-1-2 连接电路,记下电流表读数,并用电压表测量每个 LED 两端的电压和限流电阻两端的电压,记录在表 6-1-2 中。

表 6-1-2 实验数据二

	D1	D2	D3	D4	R1
电压/V					
电流/mA					

（4）用电压表测量任意一个 LED 两端的电压,缓慢调节阻值为 5 kΩ 的电位器,观察并记录电压表与电流表的读数(如表 6-1-3),以及各灯的明暗变化情况。

表 6-1-3 实验数据三

	D1	D2	D3	D4
电压/V				
电流/mA				

（5）根据所记录的数据绘制电压—电流变化曲线,分析 LED 特性。

电压—电流变化曲线及 LED 特性分析:

（6）断开任意一个 LED,观察其余 LED 亮灭情况;再短接任意一个 LED,观察其余 LED 的亮度变化,以及电流表和限流电阻两端的电压变化情况,记录现象并分析原因。

情况记录及分析:

【思考题】

如果在 LED 的串联驱动中串接两个三极管,会有什么效果?

实验二 LED 并联驱动特性实验

【实验目的】

掌握 LED 并联驱动方式。

【实验内容】

LED 并联驱动与测试实验。

【实验仪器】

(1)实验平台一台。

(2)LED 照明驱动模块(一)一套。

(3)电子器件模块一套。

(4)连接导线若干。

【实验原理】

(1)并联 LED 直流电源直接驱动方式的实验原理如图 6-2-1 所示。

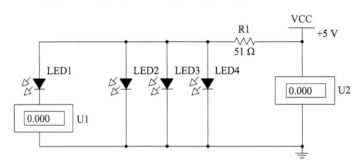

图 6-2-1 并联 LED 直流电源直接驱动方式

(2)并联 LED 三极管驱动方式的实验原理如图 6-2-2 所示。

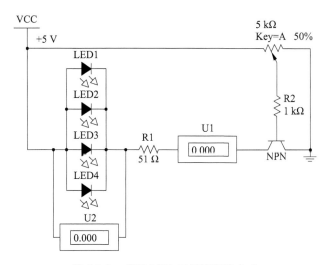

图 6-2-2　并联 LED 三极管驱动方式

【注意事项】

（1）实验过程中严禁短路现象的发生。

（2）调节旋钮时应均匀、缓慢。

【实验步骤】

上述电路图中的电阻及三极管等器件可选择"LED 照明控制模块"和"LED 特性测试模块"上的对应器件。

（1）按图 6-2-1 连接电路记下电压表读数，并用电流表测量每个 LED 及限流电阻上流过的电流，记录在表 6-2-1 中。

表 6-2-1　实验数据一

	D1	D2	D3	D4	R1
电压/V					
电流/mA					

（2）断开任意一个 LED，观察其余 LED 亮灭情况；再短接任意一个 LED，观察其余 LED 的亮度变化。对以上两种操作中限流电阻两端的电压及总电流变化情况进行记录，并分析原因。

情况记录及分析：

（3）按图 6-2-2 连接电路记下电压表读数，并用电流表测量每个 LED 及限流电阻上流过的电流，记录在表 6-2-2 中。

表 6-2-2　实验数据二

	D1	D2	D3	D4	R1
电压/V					
电流/mA					

（4）断开任意一个 LED，观察其余 LED 亮灭情况；再短接任意一个 LED，观察其余 LED 的亮度变化。对以上两种操作中限流电阻两端的电压及总电流变化情况进行记录，并分析原因。

情况记录及分析：

（5）测量任意一个 LED 上的电流及电压，缓慢调节 5 kΩ 电位器，观察各灯的明暗变化情况，并将电压表与电流表读数记录在表 6-2-3 中。

表 6-2-3　实验数据三

电压/V									
电流/mA									

（6）根据所记录的数据绘制电压—电流变化曲线，分析 LED 特性。

电压—电流变化曲线及 LED 特性分析：

【思考题】

在 LED 并联驱动的实验中，分析不同驱动方式的差异。

实验三　LED 照明驱动应用实验

【实验目的】

（1）熟悉 LED 串联驱动的工作原理。

（2）熟悉 LED 并联驱动的工作原理。

（3）熟悉 LED 串并联混合驱动的工作原理。

（4）熟悉 LED 高电源电压驱动的工作原理。

（5）熟悉 LED PWM 调节驱动的工作原理。

（6）学会分析相关实验现象。

【实验内容】

（1）LED 串联驱动实验。

（2）LED 并联驱动实验。

（3）LED 串并联混合驱动实验。

（4）LED 高电源电压驱动实验。

（5）LED PWM 调节驱动实验。

【实验仪器】

（1）实验平台一台。

（2）LED 照明驱动模块（一）一套。

（3）连接导线若干。

【实验原理】

1. LED 串并联驱动原理

采用定电流 LED 驱动芯片 NU501，NU501 的引脚说明见表 6-0-1。当 NU501 的 V_{DD} 和 V_P 引脚短接在一起时，NU501 极小工作电压的特性能当作一个二极管来使用，当 NU501 应用在一串 LED 上时，可以恒流驱动 LED，如图 6-3-1、图 6-3-2 和图 6-3-3 所示。

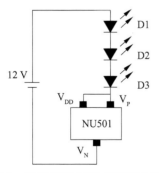

图 6-3-1　12 V 照明 LED 串联驱动电路图

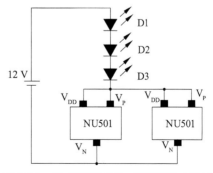

图 6-3-2　12 V 照明 LED 并联驱动电路图

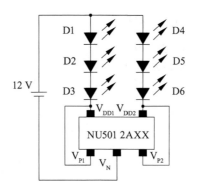

图 6-3-3　12 V 照明 LED 串并联混合驱动电路图

2. LED 高电源电压驱动原理

在高压电源和低 LED 负载电压的应用场合,多个 NU501 能够串接起来分摊多余的电压,这种独特的高电压分摊技术,适合在更宽广的电源电压范围内应用,如图 6-3-4 所示。

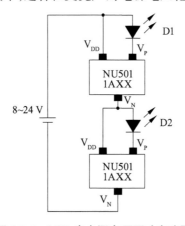

图 6-3-4　LED 高电源电压驱动电路图

3. LED PWM 调节驱动原理

NU501 的 V_{DD} 引脚可以充当输出使能(OE)功能使用,再配合 PWM 控制电路,可以达到调光的效果。PWM 控制通过 555 芯片设计电路,产生脉宽可调电路,从而达到调节 LED 发光亮度的目的。5 V PWM 调光节驱动电路图如图 6-3-5 所示。

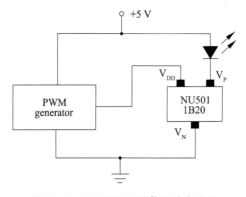

图 6-3-5　5 V PWM 调节驱动电路图

【注意事项】

（1）实验过程中严禁短路现象的发生。

（2）此实验中勿将市电接入。

（3）调节旋钮时应均匀、缓慢。

（4）NU501 在能维持恒流的情况下，尽量增加串联恒流回路中的 LED 数量。

（5）LED 驱动二次开发单元的 LED 正极、负极在接线时不要接反。

【实验步骤】

1. LED 串联驱动实验

（1）断开实验平台和模块电源开关，将 LED 照明驱动模块（一）上电源接口区域的"VCC""GND"分别与实验平台的"+12 V""GND"相接。

（2）将 LED 驱动二次开发单元按照图 6-3-1 进行接线，图中的 12 V 由 LED 照明驱动模块（一）上电源接口区域的"VCC""GND"提供。

（3）打开实验平台电源开关，观察相应的 LED 发光现象，分析电路结构，并用电压表测量每个 LED 两端的电压，记录在表 6-3-1 中。

表 6-3-1　实验数据一

	D1	D2	D3	总和
电压/V				

（4）断开任意一个 LED，观察其余 LED 的亮灭情况，记录现象并分析原因。

情况记录及分析：

2. LED 并联驱动实验

（1）断开实验平台和模块电源开关，将 LED 照明驱动模块（一）上电源接口区域的"VCC""GND"分别与实验平台的"+12 V""GND"相接。

（2）将 LED 驱动二次开发单元按照图 6-3-2 进行接线，图中的 12 V 由 LED 照明驱动模块（一）上电源接口区域的"VCC""GND"提供。

（3）打开实验平台电源开关，观察相应 LED 的发光现象，分析电路结构，并用电压表测量每个 LED 两端的电压，记录在表 6-3-2 中。

表 6-3-2　实验数据二

	D1	D2	D3	总和
电压/V				

（4）断开任意一个 LED,观察其余 LED 的亮灭情况,记录现象并分析原因。

情况记录及分析:

（5）断开任一个驱动芯片 NU501 的"V_N"连接,观察 LED 的明暗变化,记录现象并分析原因。

情况记录及分析:

3. LED 串并联混合驱动实验

（1）断开实验平台和模块电源开关,将 LED 照明驱动模块(一)上电源接口区域的"VCC""GND"分别与实验平台的"+12V""GND"相接。

（2）将 LED 驱动二次开发单元按照图 6-3-3 进行接线,图中的 12 V 由 LED 照明驱动模块(一)上电源接口区域的"VCC""GND"提供。

（3）打开实验平台电源开关,观察相应的 LED 发光现象,分析电路结构,并用电压表测量每个 LED 两端的电压,记录在表 6-3-3 中。

表 6-3-3　实验数据三

	D1	D2	D3	D4	D5	D6
电压/V						

（4）断开任意一个 LED,观察其余 LED 的亮灭情况及明暗变化,记录现象并分析原因。

情况记录及分析:

4. LED 高电源电压驱动实验

（1）断开实验平台和模块电源开关，将 LED 照明驱动模块（一）上电源接口区域的"VCC""GND"分别与实验平台的"＋12 V""GND"相接。

（2）将 LED 驱动二次开发单元按照图 6-3-4 进行接线，图中 8～24 V 可由台体上 0～30 V 电源来给定，调节时要实时监测其输出电压，此处选用 12 V。

（3）打开实验平台电源开关，观察相应 LED 的发光现象，分析电路结构，并用电压表测量每个 LED 两端的电压，记录在表 6-3-4 中。

表 6-3-4　实验数据四

	D1	D2
电压/V		

（4）断开任意一个 LED，观察其余 LED 的亮灭情况，记录现象并分析原因。

情况记录及分析：

（5）断开任意一个驱动芯片 NU501 的"V_N"连接，观察 LED 的明暗变化，记录现象并分析原因。

情况记录及分析：

5. LED PWM 调节驱动实验

（1）在上述实验结束后，将 LED 照明驱动模块（一）电源接口区域的"VCC""GND"分别与实验平台的"＋5 V""GND"连接。

（2）将 PWM 驱动调制单元的 PWM 调节旋钮逆时针调到最小，让 PWM 驱动调制单元的电源"＋""－"极分别与模块电源接口的"VCC""GND"相接，NU501 和 LED 按图 6-3-5 连接。

（3）打开实验平台电源开关，顺时针缓慢均匀旋动 PWM 调节旋钮，观察相应 LED 的发光现象，记录并分析原因。

分析 PWM 调节驱动 LED 发光的工作原理。

【思考题】

在 LED 串联驱动实验中，如果串联 4 个 LED，会出现什么实验现象？

实验四　LED 阵列市电照明驱动实验

【实验目的】

（1）熟悉 LED 市电照明驱动的工作原理。
（2）熟悉 LED 日光灯的工作原理。
（3）熟悉 LED 日光灯的装配、调试及维护实训功能。

【实验内容】

（1）LED 市电照明驱动实验。
（2）LED 日光灯的装配、调试及维护实训实验。

【实验仪器】

（1）实验平台一台。
（2）LED 照明驱动模块（二）一套。
（3）单相三极电源线一根。
（4）LED 日光灯一个。

【实验原理】

LED 照明驱动模块中的 AC 高压驱动原理如图 6-4-1 所示，此单元通过高压交流供电，配合驱动电路专用的驱动 LED 阵列。交流市电经整流桥和电容 C1 滤波后，通过外部电阻和内部的齐纳二极管，可以将经过整流的 220 V 交流电压嵌位于 20 V。PT4107 是一款高压降压式的 LED 驱动控制器。当 VIN 上的电压超过欠压闭锁阈值后，芯片开始工作，当内部 PWM 控制器起振后，GATE 引脚输出约 50 kHz、12 V 的方波脉冲以控制 MOS 管 Q1 斩波高压直流，在 MOS 管开启期间，充电电流经 LED 给电感 L1 充电，则流过 LED 的电流按电感的充电曲线上升；在 MOS 管关闭期间，电感中储存的电流经续流二极管 D1

向负载放电,则流过 LED 的电流按电感的放电曲线下降。在外部 MOS 管 Q1 的源端和地之间接入电流采样电阻,该电阻上的电压直接传递到 PT4107 芯片的 CS 引脚,经芯片内部的电压比较器与基准电压比较后可控制振荡器的占空比,即时调整 MOS 管的斩波周期,使负载电流保持恒定。当 CS 端电压超过内部的电流采样阈值电压后,GATE 端的驱动信号终止,外部 MOS 管关断。阈值电压可以由内部设定,或者通过在 LD 端施加电压来控制。

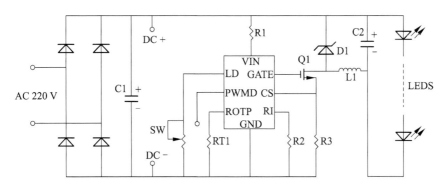

图 6-4-1　AC 高压驱动原理图

【注意事项】

(1)实验过程中严禁短路现象的发生。

(2)调节旋钮时应均匀、缓慢用力。

(3)LED 日光灯装配、拆卸时请断开所有电源,通电状态下切勿用手触摸灯座内部,防止触电。

【实验步骤】

1. LED 市电照明驱动实验

(1)将 LED 照明驱动模块(二)上的市电开关 S1 打到"OFF"挡,LED 驱动应用实训单元的驱动切换开关 S1 打到"低压直流驱动"挡。

(2)用电源线将电源接口、电源插座的 P1 处接入市电。

(3)将 S2 打到"ON"挡,S1 打到"市电驱动"挡,观察 LED 驱动应用实训单元的 LED 阵列的发光现象。

> 对比 LED 照明驱动模块(一)和(二),分析 LED 市电照明驱动电路与 LED 低压直流照明驱动电路的区别。
>
>
>
>
>
>

(4)断开市电,重复步骤(1),实验结束。

2. LED 日光灯的装配、调试及维护实训实验

（1）断开电源，并将电源接口、电源插座的 P1 处与电源线断开，将模块上的市电开关 S2 打到"OFF"挡，LED 照明驱动实训单元的开关 S3 打到"OFF"挡。

（2）将 LED 日光灯装配到 LED 照明驱动实训单元。

（3）LED 日光灯的装配完成后，将 P1 接入市电。

（4）将 S2 打到"ON"挡，将 S3 打到"ON"挡，观察 LED 照明驱动实训单元的 LED 日光灯发光现象。

（5）若 LED 日光灯不能正常工作，必须断开电源，关闭开关 S2 和 S3，检查 LED 日光灯装配是否正确，经调试后重复步骤（3）和（4），观察实验现象。

（6）断开市电，重复步骤（1），实验结束。

LED 日光灯主要由哪几个核心部分组成，它与传统的日光灯有什么区别？

【思考题】

观察 LED 照明驱动实训单元的 LED 日光灯结构，思考灯杯上面的 LED 串、并联个数与 LED 日光灯发光亮度是否有关？

实验五　LED 阵列低压直流照明驱动实验

【实验目的】

（1）熟悉 LED 阵列低压直流照明的工作原理。

（2）熟悉 LED 阵列驱动线性调光原理。

（3）熟悉 LED 阵列驱动 PWM 调节原理。

（4）熟悉 LED 阵列驱动过温保护原理。

【实验内容】

（1）LED 阵列低压直流照明驱动实验。

（2）LED 阵列驱动线性调光实验。

（3）LED 阵列驱动 PWM 调节驱动实验。

（4）LED 阵列驱动过温保护演示实验。

【实验仪器】

（1）实验平台一台。

（2）LED 照明驱动模块（一）（二）各一套。

（3）万用表一个。

（4）连接导线若干。

【实验原理】

LED 阵列照明驱动模块的 DC 低压驱动原理如图 6-5-1 所示。

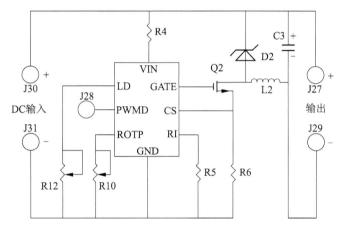

图 6-5-1　LED 阵列低压直流照明驱动原理图

与 AC 高压驱动单元相比，DC 低压驱动单元减少了交流市电经整流桥和电容滤波的部分，直接使用直流输入。当 VIN 上的电压超过欠压闭锁阈值后，芯片开始工作，当内部 PWM 控制器起振后，GATE 引脚输出约 50 kHz、12 V 的方波脉冲以控制 MOS 管 Q2 斩波高压直流，在 MOS 管开启期间，充电电流经 LED 给电感 L2 充电，则流过 LED 的电流按电感 L2 的充电曲线上升；在 MOS 管关闭期间，电感中储存的电流经续流二极管 D2 向负载放电，则流过 LED 的电流按电感的放电曲线下降。在外部 MOS 管 Q2 的源端和地之间接入电流采样电阻，该电阻上的电压直接传递到 PT4107 芯片的 CS 引脚，经芯片内部的电压比较器与基准电压比较后可控制振荡器的占空比，即时调整 MOS 管的斩波周期，使负载电流保持恒定。当 CS 端电压超过内部的电流采样阈值电压后，GATE 端的驱动信号终止，则外部 MOS 管关断。阈值电压可以由内部设定，或者通过在 LD 端施加电压来控制。如果要求软启动，可以在 LD 端并联电容，以得到需要的电压上升速度，并和 LED 电流上升速度相一致。

PT4107 能够驱动多个串联 LED 或多路并联 LED。LED 阵列也可以通过并联或串联的方式连接。此模块 LED 驱动应用实训单元采用 4 组 LED 并联，每组串联 6 个 LED。PT4107 通过控制使能引脚 PWMD 进行 PWM 调光，也可以通过在 LD 引脚接入电压的方式来调整 LED 的亮度,即线性调光。

在 ROTP 端接入热敏电阻 R10 可以防止 LED 过热。内部电流 $I_{ROTP} = 24\ 000/RI$ 流出 ROTP 引脚。当 RI 电阻为 300 kΩ 时,该电流大约为 80 μA,当 ROTP 端的电压小于 1 V 时,控制器将立即关闭整个系统,实现热保护。直到过热的环境消失后,系统将通过滞回电路自动恢复正常的工作模式。

【注意事项】

(1)实验过程中严禁短路现象的发生。

(2)调节旋钮时应均匀、缓慢用力。

(3)请勿使 LED 阵列长时间工作在最亮的状态,避免眼睛长时间直视 LED 阵列。

(4)此实验不需要市电输入,P1 不接入市电。

【实验步骤】

1. LED 阵列低压直流照明驱动实验

(1)打开实验平台电源开关,用万用表的红黑表笔接 0 ~ 30 V 的" + "" − ",调节平台上的可调电压 0 ~ 30 V 的相应电位器,直到测得其输出电压为 24 V。

(2)关闭实验平台电源开关,将 LED 照明驱动单元按如下方式进行接线:

DC 低压驱动单元 DC 输入" + "(J30)	接	实验平台 0 ~ 30 V 的" + "
DC 低压驱动单元 DC 输入" − "(J31)	接	实验平台 0 ~ 30 V 的" − "
DC 低压驱动单元输出" + "(J27)	接	LED 驱动应用实训单元输入" + "(J25)
DC 低压驱动单元输出" − "(J29)	接	LED 驱动应用实训单元输入" − "(J26)

(3)将 LED 驱动应用实训单元驱动切换开关 S1 打到"市电驱动"挡。

(4)将 DC 低压驱动单元的线性调节电阻 R12 顺时针调到最大,将过温保护调节电位器 R10 逆时针调到底端。

(5)打开实验平台电源开关,将 LED 驱动应用实训单元的 S1 打到"低压直流驱动"挡,观察 LED 阵列发光现象,实验结束。

分析 LED 阵列低压直流照明驱动电路的主要应用领域(可举例说明)。

2. LED 阵列驱动线性调光实验

(1)重复上述 LED 阵列低压直流照明驱动实验的步骤(1)~(4)。

（2）打开实验平台电源开关,将 LED 驱动应用实训单元的 S1 打到"低压直流驱动"挡,逆时针调节 DC 低压驱动单元的线性调节电阻 R12,观察 LED 阵列发光现象,实验结束。

分析 LED 阵列发光的线性调节机制。

3. LED 阵列驱动 PWM 调节驱动实验

（1）重复上述 LED 阵列低压直流照明驱动实验的步骤(1)~(4)。

（2）将 PWM 驱动调制单元输入 J22、J24 分别连接 +5 V、GND,将 J24 接 DC 低压驱动单元的 J31,将 PWM 驱动调制单元输出 J23 接 DC 低压驱动单元的 J28,将 PWM 驱动调制单元电位器 R3 逆时针调到底端。

（3）打开实验平台电源开关,将 LED 驱动应用实训单元的 S3 打到"低压直流驱动"挡,顺时针调节 PWM 驱动调制单元电位器 R3,观察 LED 阵列发光现象,实验结束。

分析 LED 阵列发光的 PWM 调节机制。

4. LED 阵列驱动过温保护演示实验

（1）重复上述 LED 阵列低压直流照明驱动实验的步骤(1)~(4)。

（2）打开实验平台电源开关,将 LED 驱动应用实训单元的 S3 打到"低压直流驱动"挡,顺时针调节 DC 低压驱动单元过温保护调节电位器 R10,观察 LED 阵列发光现象。

（3）完成步骤(2)后,将 R10 逆时针调到底端,用手轻轻捏住热敏电阻 NTC1,一段时间后,观察 LED 驱动应用实训单元的 LED 阵列亮度变化。

分析过温保护在 LED 光源中的作用。

【思考题】

（1）LED 阵列低压直流照明驱动实验中，为什么将 DC 低压驱动单元的线性调节电阻 R12 顺时针调到最大，将过温保护调节电位器 R10 逆时针调到底端？

（2）分析 LED 阵列照明驱动过温保护演示实验中的相关实验现象产生的原因。

第 七 章

太阳能 LED 路灯及照明模块实验

（一）概述

太阳能(solar energy)，一般是指太阳光的辐射能量，在现代通常用作发电。生物自形成以来就主要以太阳提供的热和光生存，而人类自古也懂得利用阳光晒干物件，并将其作为保存食物的方法，如制盐和晒咸鱼等。太阳能的利用有光热转换和光电转换两种方式。广义上的太阳能是地球上许多能量的来源，如风能、化学能、水的势能等。目前，太阳能的利用还不是很普及，利用太阳能发电还存在成本高、转换效率低等问题，但太阳能电池在人造卫星能源提供方面得到了广泛的应用。太阳能是太阳内部或表面的黑子连续不断地核聚变产生的能量。地球轨道上的平均太阳辐射强度为 1 369 W/m^2。地球赤道的周长为 40 000 km，从而可计算出，地球获得的能量可达173 000 TW。在海平面上的标准峰值强度为 1 kW/m^2，地球表面某一点 24 h 的年平均辐射强度为 0.20 kW/m^2，相当于有 102 000 TW 的能量，人类依赖这些能量维持生存，其中包括所有其他形式的可再生能源（地热能资源除外），虽然太阳能资源总量相当于现在人类所利用的能源的一万多倍，但太阳能的能量密度低，而且它因地而异，因时而变，这是开发利用太阳能面临的主要问题。太阳能的这些特点会使它在整个综合能源体系中的作用受到一定的限制。尽管太阳辐射到地球大气层的能量仅为其总辐射能量的 22 亿分之一，但已高达 173 000 TW，也就是说，太阳每秒钟照射到地球上产生的能量为 49 940 000 kJ，相当于 500 万吨煤产生的热量，地球上的风能、水能、海洋温差能、波浪能、生物质能和部分潮汐能都来源于太阳，地球上的化石燃料（如煤、石油、天然气等）从根本上说也是远古以来贮存下来的太阳能，所以广义的太阳能所包括的范围非常大，狭义的太阳能则限于太阳辐射能量的光热、光电和光化学的直接转换。

太阳能既是一次能源，又是可再生能源。它资源丰富，既可免费使用，又无须运输，对环境也无任何污染。它为人类创造了一种新的生活形态，使社会人类进入一个节约能源减少污染的时代。

光伏板组件是一种暴露在阳光下便会产生直流电的发电装置，它几乎全部由半导体物料（例如硅）制成的固体光伏电池组成。它由于没有活动的部分，故可以长时间操作而不会导致任何损耗。简单的光伏电池可为手表和计算机提供能源,较复杂的光伏系统可为房屋提供照明,并为电网供电。光伏板组件可以制成不同的形状,而组件之间又可连接,以产生更多的电能。近年来,一些天台及建筑物表面均会使用光伏板组件,甚至被用作窗户或遮蔽装置的一部分,这些光伏设施通常被称为附设于建筑物的光伏系统。

1. 利用太阳能发电的优点和缺点

(1) 优点

① 普遍性。太阳光普照大地,没有地域的限制。无论陆地或海洋,无论高山或岛屿,处处皆有太阳光。而且太阳能可直接开发利用,无须开采和运输。

② 无毒害。开发利用太阳能不会污染环境,它是最清洁的能源之一。在环境污染越来越严重的今天,这一点是极其宝贵的。

③ 能源丰富。每年到达地球表面的太阳辐射能约相当于130万亿吨煤产生的热量,其总量为现今世界上可以开发利用的最大能源。

④ 使用持久。根据目前太阳所产生的核能速率估算,氢的贮量足够维持上百亿年,而地球的寿命也只为几十亿年,从这个意义上讲,可以说太阳的能量是用之不竭的。

(2) 缺点

① 分散性。到达地球表面的太阳辐射总能量尽管很大,但是能流密度很低。平均来说,在北回归线附近,夏季天气较为晴朗的情况下,正午时太阳辐射的辐照度最大,在垂直于太阳光方向 1 m^2 的面积上接收到的太阳能平均为 1 000 W;若按全年日夜平均,则只有 200 W 左右。而在冬季大致只有一半,这样的能流密度是很低的。因此,在利用太阳能时,想要得到一定的转换功率,往往需要面积相当大的一套收集和转换设备,造价较高。

② 不稳定性。由于受到昼夜、季节、地理纬度和海拔高度等自然条件的限制,以及阴、晴、云、雨等随机因素的影响,因此,到达某一地面的太阳辐照度既是间断的,又是极不稳定的,这给太阳能的大规模应用增加了难度。为了使太阳能成为连续、稳定的能源,从而最终成为能够与常规能源相竞争的替代能源,就必须很好地解决蓄能问题,即把晴朗白天的太阳辐射能尽量贮存起来,以供夜间或阴雨天使用,但目前蓄能也是太阳能利用中较为薄弱的环节之一。

③ 效率低、成本高。目前太阳能利用的发展水平,有些方面在理论上是可行的,技术上也是成熟的。但有的太阳能利用装置,因为效率偏低,成本较高,总的来说,经济性还不能与常规能源相竞争。预计在今后相当一段时期内,太阳能利用的进一步发展主要受经济性的制约。

2. 太阳能发电系统

太阳能发电系统是由太阳能电池组件、太阳能控制器和蓄电池(组)组成。它分为离网发电系统与并网发电系统。离网发电系统主要由太阳能电池组件、太阳能控制器和蓄电池(组)组成,若为交流负载供电,还需要配置交流逆变器。并网发电系统就是太阳能组件产生的直流电经过并网逆变器转换成符合市电电网要求的交流电后直接接入公共电网。并网发电系统有集中式大型并网电站,一般都是国家级电站,其主要特点是将所发电能直接输送到电网,由电网统一调配向用户供电。但这种电站投资大,建设周期长,占地面积大,目前还没有太大发展。而分散式小型并网发电系统,特别是光伏建筑一体化发电系统,由于投资小、建设快、占地面积小、政策支持力度大等,已成为目前并网发电的主流。

(1) 太阳能电池板

太阳能电池板是太阳能发电系统中的核心部分,其作用是将太阳的光能转化为电能,输出直流电储存在蓄电池中。太阳能电池板是太阳能发电系统中最重要的部件之一,其转换率和使用寿命是决定太阳能电池是否具有使用价值的重要因素。

组件设计:按国际电工委员会 IEC 1215:1993 标准要求进行设计,采用 36 片或 72 片多晶硅太阳能电池进行串联以形成 12 V 和 24 V 各种类型的组件。该组件可用于各种户用光伏系统、独立光伏电站和并网光伏电站等。

各原材料的特点如下:

① 电池片:采用高效率(在 16.5% 以上)的单晶硅太阳能片封装,保证太阳能电池板的发电功率充足。

② 玻璃:采用低铁钢化绒面玻璃(又称白玻璃),厚度为 3.2 mm,在太阳电池光谱响应的波长范围内(320~1 100 nm),透光率达 91% 以上,对于波长大于 1 200 nm 的红外光有较高的反射率。此外,该玻璃能耐太阳紫外光线的辐射,透光率不下降。

③ EVA:采用加有抗紫外剂、抗氧化剂和固化剂的厚度为 0.78 mm 的优质 EVA 膜层,作为太阳电池的密封剂和与玻璃、TPT 之间的连接剂,具有较高的透光率和抗老化能力。

④ TPT:太阳电池的背面覆盖物——氟塑料膜为白色,对阳光起反射作用,因此对组件的效率略有提高,并因其具有较高的红外发射率,还可降低组件的工作温度,也有利于提高组件的效率。当然,此氟塑料膜首先应符合太阳电池封装材料所要求的抗老化、耐腐蚀、不透气等基本条件。

⑤ 边框:所采用的铝合金边框具有高强度,抗机械冲击能力强,是太阳能发电系统中价值最高的部分。其作用是将太阳的辐射能转换为电能,或送往蓄电池中储存起来,或推动负载工作。

(2) 太阳能控制器

太阳能控制器是由专用处理器 CPU、电子元器件、显示器、开关功率管等组成。

其主要特点如下:

① 使用单片机和专用软件,可实现智能控制。

② 利用蓄电池放电率特性修正的准确放电控制。放电终止电压是放电率曲线修正的控制点,消除了电压控制过放的不准确性,符合蓄电池固有的特性,即不同的放电率具有不同的终止电压。

③ 具有过充、过放、电子短路、过载保护、独特的防反接保护等全自动控制。以上保

护均不损坏任何部件,不烧保险丝。

④ 采用串联式 PWM 充电主电路,使充电回路的电压损失较使用二极管的充电电路降低近 50% ,充电效率较非 PWM 高 3% ~6% ,增加了用电时间;过放恢复的提升充电、正常的直充、浮充自动控制方式使系统有更长的使用寿命,同时具有高精度温度补偿。

⑤ 直观的 LED 发光管指示当前的蓄电池状态,让用户了解蓄电池的使用状况。

⑥ 所有控制全部采用工业级芯片,能在寒冷、高温、潮湿的环境中自如运行,同时使用了精确的晶振定时控制。

⑦ 取消了电位器调整控制设定点,而利用 E 方存储器来记录各工作控制点,使设置数字化,消除了因电位器震动偏位、温漂等使控制点出现误差降低准确性、可靠性的因素。

⑧ 使用数字 LED 显示及设置,一键式操作即可完成所有设置,使用极其方便;能控制整个系统的工作状态,并对蓄电池起到过充保护、过放保护的作用。在温差较大的地方,合格的控制器还具备温度补偿功能。其他附加功能如光控开关、时控开关都应当是控制器的可选项。

(3) 太阳能路灯

太阳能路灯是一种利用太阳能作为能源的路灯,因其不受供电的影响,不用开沟埋线,不消耗常规电能,只要阳光充足就可以就地安装等特点,因此受到人们的广泛关注,又因其不污染环境,则被称为绿色环保产品。太阳能路灯既可用于城镇公园、道路、草坪的照明,又可用于人口密度较小、交通不便、经济不发达、难以用常规能源发电,但太阳能资源丰富的地区,以解决人们的家用照明问题。

2007 年 8 月,国家发展和改革委员会发布的《可再生资源中长期发展规划》中提出,到 2010 年中国可再生能源年利用量将达到 2.7 亿 t 标准煤。其中,水电达到 1.8 亿 kW,风电超过 500 万 kW,生物质发电达到 550 万 kW,太阳能发电达到 30 万 kW;乙醇燃料和生物柴油年利用量分别达到 200 万 t 和 20 万 t;沼气年利用量达到 190 亿 m^3;太阳能热水器总集热面积达到 1.5 亿 m^2。2010—2020 年,中国可再生能源有了更大的发展。其中,水力发电将达到 3 亿 kW,风电装机和生物质发电目标都是 3 000 万 kW,太阳能发电达到 180 万 kW;乙醇燃料和生物柴油年利用量分别达到 1 000 万 t 和 200 万 t;沼气年利用量达到 443 亿 m^3;太阳能热水器总集热面积达到 3 亿 m^2。截至 2020 年,中国的一次能源消费结构中可再生能源比例将提升至 16% 。

(二) 关于太阳能的术语

(1) 光伏矩阵(或发电板阵):太阳能发电板串联或并联在一起形成矩阵。

(2) 阻流二极管:用来防止反向电流。在发电板阵中,阻流二极管用来防止电流流向一个或多个失效或有遮影的发电板 (或一连串的太阳能发电板) 上,在夜间或低电流流出期间,防止电流从蓄电池流向光伏发电板矩阵。

(3) 光伏发电系统:光伏发电系统是指除发电板矩阵以外的部分,例如开关、控制仪表、电力温控设备、矩阵的支撑结构、储电组件等。

（4）旁路二极管：它是与光伏发电板并联的二极管，用于当光电板被遮影或出故障时提供另外的电流通路。

（5）太阳能电池：太阳能发电板中最小的组件。太阳能电池是通过光电效应或光化学效应直接把光能转化成电能的装置。

（6）太阳能电池板：太阳能发电系统中的核心部分，也是太阳能发电系统中价值最高的部分。太阳能电池板是由多块太阳能电池串联起来的集合体。其作用是将太阳能转换为电能，或送往蓄电池中储存起来，或推动负载工作。太阳能电池板的质量和成本将直接决定整个系统的质量和成本。

（7）组件：指用于建立太阳能电池系统所需的其他装置。

（8）直流电：两种电流的形态之一，常见于需使用电池的物件中，如收音机、汽车、手提电脑、手机等。

（9）交直流转换器：将交流电转换成直流电的装置。

（10）逆变器：将直流电转换成交流电的装置。

（11）晶体状：具有三维的重复的原子结构。

（12）无序结构：可减小并消除晶格的局限性，提供新的自由度，从而可在多维空间中放置其他元素，使它们以前所未有的方式互相作用。这种技术应用多种元素以及复合材料，它们在位置、移动及成分上的不规则可消除结构的局限性，因而产生新的局部规则环境。而这些新的局部环境决定了这些材料的物理性质、电子性质和化学性质，从而使得合成具有新颖机理的新型材料成为可能。

（13）电网连接—光伏发电：它是一种由光伏发电板阵向电网提供电力的光伏发电系统。

（14）千瓦：1 000 W，一个灯泡通常使用 40 ~ 100 W 的电力。

（15）百万瓦特：1 000 000 W。

（16）光伏发电板：光伏电池以串联方式连在一起组成发电板，也称光伏组件。

（17）奥佛辛斯基效应：一种特别的玻璃状薄膜在极小电压的作用下从一种非导体转变成一种半导体的效应。

（18）并联连接：一种发电板连接方法，可使电压保持相同，但电流成倍数增加。

（19）峰值输出功能：工作一段时间（通常是 10 ~ 30 s）的最大能量输出。

（20）光伏：光能到电能的直接转换。

（21）光伏发电板（电池）：经过特殊处理可将太阳能辐射转换成电能的半导体材料。

（22）卷到卷工序：将整卷的基件连续地转变成整卷的产品的工序。

（23）串联连接：电流不变电压倍增的连接方式。

（24）太阳能收集器：用以捕获来自太阳的光能或热能的装置。太阳能收集器用于太阳能热水器系统中，而光伏能收集器则需用于太阳能电力系统。

（25）太阳能加热：利用来自太阳的热能发电的技术或系统。

（26）太阳能发电模块或太阳能发电板：一些由太阳能发电板单元所组成的太阳能发电板板块。

（27）稳定能量转换效率：长期的电力输出与光能输入的比例。

（28）系统，平衡系统：太阳能电力系统包括光伏发电板矩阵和其他的部件，这些部件可使这些太阳能发电板得以应用在需要可控直流电或交流电的住家和商业设施中。用于太阳能电力系统的其他部件包括：接线和短路装置、充电调压器、逆变器、仪表和接地部件。

（29）薄膜：在基片上形成的很薄的材料层。

（30）MWP：M 指兆，1 MW = 1 000 kW。WP 是太阳能电池的瓦数，是指在 1 000 W/m^2 光照强度下的太阳能电池输出功率。

实验一　太阳能电池板实验

【实验目的】

（1）了解太阳能电池板防反接保护原理。
（2）掌握太阳能电池板开路电压测试原理。
（3）掌握太阳能电池板短路电流测试原理。
（4）掌握太阳能电池 $V-I$ 特性测试原理及方法。

【实验内容】

（1）太阳能电池板防反接保护实验。
（2）太阳能电池板开路电压测试实验。
（3）太阳能电池板短路电流测试实验。

【实验仪器】

（1）实验平台一台。
（2）太阳能 LED 路灯及照明驱动模块（二）一套。
（3）万用表一个。
（4）太阳能电池板一套。
（5）连接导线若干。

【实验原理】

1. 太阳能电池板防反接保护原理

通常情况下,直流电源防反接保护电路是利用二极管的单向导电性来实现防反接保护的。这种接法简单可靠,但不足之处在于当输入大电流时,功耗影响非常大。本实验是利用 MOS 管的开关特性,控制电路的导通和断开来设计防反接保护电路。由于 MOS 管的内阻很小,现代 MOS 管器件技术已经能够使 MOS 管的漏极 D 与源极 S 之间在导通时的电阻 RDS(ON)达到毫欧级,解决了原有采用二极管单向导电性防反接方案存在的不足。具体电路如图 7-1-1 所示。

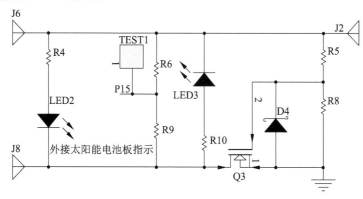

图 7-1-1　太阳能电池板防反接保护电路原理图

MOS 管通过 S 管脚和 D 管脚串接于电源和负载之间,MOS 管的 G 管脚通过 R8 接 MOS 管的 S 管脚,并通过 R5 接电源端。这两个电阻为 MOS 管提供电压偏置,利用 MOS 管的开关特性控制电路的导通和断开,从而防止电源反接给负载带来损坏。所使用的 MOS 管的导通电阻 RDS(ON)只有几百 mΩ,实际损耗很小,不用外加散热片,很好地解决了采用二极管单向导电性防反接方案存在的压降和功耗过大的问题。

2. 太阳能电池板开路电压测试原理

太阳能电池板开路电压 U_{OC} 是指将太阳能电池板置于恒定光源的照射下,在其两端开路时,所测得的端电压的输出值。太阳能电池板开路电压测试原理如图 7-1-2 所示。

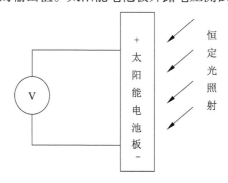

图 7-1-2　太阳能电池板开路电压测试原理图

开路电压测试时,太阳能电池板不接负载,即可以理解为太阳能电池板输出端接一个无穷大的电阻,所以可以用高内阻的直流毫伏表进行测试。

3. 太阳能电池板短路电流测试原理

太阳能电池板短路电流 I_{SC},是指将太阳能电池板置于恒定光源的照射下,在输出端短接时,流过太阳能电池板两端的电流。其短路电流测试原理如图7-1-3所示。

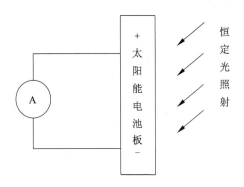

图 7-1-3　太阳能电池板短路电流测试原理图

本实验中提供的短路电流测试方法是将内阻小于 1 Ω 的电流表接到太阳能电池板的两端,用电流表直接测试。

【注意事项】

实验过程中严禁短路现象的发生。

【实验步骤】

1. 太阳能电池板防反接保护实验

(1)将太阳能电池板的"＋""－"极(红线正,黑线负)分别连接到模块的太阳能电池的板输入接口"＋""－"极。

(2)调节太阳能电池板的受光角度(光源可以是自然光、日光灯光或 LED 照明驱动模块(二)上的日光灯 P3 的灯光),使用万用表测量太阳能电池板输入接口的"＋""－"两点的电压,再测量 J2 到 GND 两点的电压。

(3)将太阳能电池板反向连接到模块的太阳能电池板输入接口,再测量 J2 到 GND 两点的电压,同时观察反向指示灯 LED3 的亮灭情况。

> 太阳能电池板正接和反接时,LED2 和 LED3 如何变化? 反接保护的作用是什么?

2. 太阳能电池板开路电压测试实验

（1）根据太阳能电池板防反接保护的实验结果，确定了太阳能电池板的正负极。

（2）将万用表打到电压 V 挡，再将万用表的红表笔接到太阳能电池板输出端正极，将万用表的黑表笔接到太阳能电池板输出端负极。

（3）调节太阳能电池板的受光角度（光源可以是自然光、日光灯光或 LED 照明驱动模块（二）上的日光灯 P3 的灯光），观察万用表电压的读数变化。

太阳能电池板在自然光条件下的开路电压大约为多少？受光角度及光强变化对开路电压的影响是怎样的？

3. 太阳能电池板短路电流测试实验

（1）根据太阳能电池板防反接保护的实验结果，确定了太阳能电池板的正负极。

（2）将万用表打到电流 mA 挡，再将万用表的红表笔接到太阳能电池板输出端正极，将万用表的黑表笔接到太阳能电池板输出端负极。

（3）调节太阳能电池板的受光角度（光源可以是自然光、日光灯光或 LED 照明驱动模块（二）上的日光灯 P3 的灯光），观察万用表电流的读数变化。

受光角度及光强变化对短路电流的影响是怎样的？

【思考题】

（1）分析太阳能电池板防反接保护电路的工作原理。

（2）光照强弱对太阳能电池板的开路电压、短路电流有什么影响？

实验二　Boost 升压电路实验

【实验目的】

了解 Boost 升压电路的用途和工作原理。

【实验内容】

（1）PWM 手动调节 Boost 升压电路实验。

（2）系统调节 Boost 升压电路实验。

【实验仪器】

（1）实验平台一台。

（2）太阳能 LED 路灯及照明驱动模块一套。

（3）LED 照明控制模块一套。

（4）万用表一个。

（5）示波器一台。

（6）连接导线若干。

【实验原理】

太阳能电池板给蓄电池充电时，需根据蓄电池的电压和太阳能电池板的输出电压情况进行充电电压匹配，通常采用的方法是采用降压电路或升压电路，也可用升降压电路（可根据需要进行升压或降压）。本实验采用 Boost 升压电路，先将太阳能电池板的输出电压升高，再对蓄电池充电。Boost 升压电路原理图如图 7-2-1 所示。

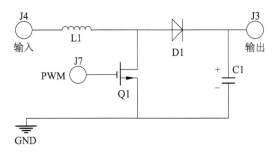

图 7-2-1　Boost 升压电路原理图

【注意事项】

（1）实验过程中严禁短路现象的发生。

（2）调节旋钮时应均匀、缓慢用力。

【实验步骤】

（1）将太阳能电池板的"＋""－"极分别连接到模块的太阳能电池板输入接口的"＋""－"极。

（2）将主平台上的"＋5 V"和"GND"接到系统电源输入接口的"＋5 V"和"GND"，并按照如下方式进行实验接线：

防反接保护单元的"输出"	接	Boost 升压电路单元的"输入"
MCU 单元的"PWM 输出"	接	Boost 升压电路单元的"PWM"

（3）打开系统电源开关，用万用表测量防反接保护单元"输出"处的电压值并记录（如表7-2-1），再用万用表测量 Boost 升压电路单元的"输出"电压并记录，将记录的两个电压值进行比较。

表 7-2-1　实验数据一

	Boost 升压电路单元的"输入"电压	Boost 升压电路单元的"输出"电压
电压值/V		

改变受光角度或光强变化，上述两个电压值如何变化？

（4）关闭系统电源开关，先保持接线不变，再将 MCU 单元的"PWM 输出"用 LED 照明控制模块上 PWM 手动调节单元的"PWM 输出"代替，"VCC"接到模块"+5 V"，再给 LED 照明控制模块供电。接线方式如下：（模块 A—太阳能 LED 路灯及照明模块；模块 B—LED 照明控制模块）

太阳能电池板的"+""−"	接	模块 A 上太阳能电池板的输入"+""−"极
主平台的"+5 V""GND"	接	模块 A、模块 B 的"+5 V""GND"
防反接保护单元的"输出"	接	Boost 升压电路单元的"输入"
模块 B 的"PWM 输出"	接	Boost 升压电路单元的"PWM"
模块 B 的"VCC"	接	模块 B 的"+5 V"

打开系统电源开关，调节好太阳能电池板的受光角度，将 PWM 手动调节单元的"PWM 调节"逆时针调节到底，再用万用表测量防反接保护单元的"输出"处的电压值并记录，缓慢调节 PWM 手动调节单元的"PWM 调节"，同时用万用表测量 Boost 升压电路单元的"输出"电压，用示波器观察 PWM 手动调节单元的"PWM 输出"的波形变化，观察电压值的变化并与记录的电压值（如表7-2-2）进行比较。

表 7-2-2　实验数据二

PWM(0~100%)	Boost 升压电路单元的"输入"电压/V	Boost 升压电路单元的"输出"电压/V
10%		
30%		
50%		
80%		

改变 PWM,上述两个电压值如何变化?

【思考题】

简述 Boost 升压电路的工作原理。

实验三　控制器充电实验

【实验目的】

了解控制器的充电原理。

【实验内容】

(1)蓄电池充电、过充、过充保护实验。

(2)电池板欠压检测实验。

(3)蓄电池电量检测实验。

【实验仪器】

(1)实验平台一台。

(2)太阳能 LED 路灯及照明驱动模块一套。

(3)万用表一个。

(4)连接导线若干。

【实验原理】

控制器充电电路原理图如图 7-3-1 所示。

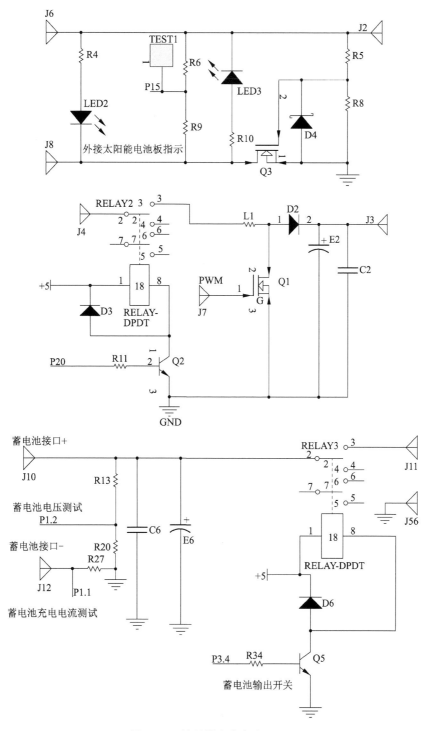

图 7-3-1　控制器充电电路原理图

单片机产生 PWM 波形,PWM 通过控制 MOS 管 Q1 的通断,从而控制升压电路,升压电路再给蓄电池充电。改变 PWM 方波的频率或占空比,即可调节蓄电池的充电电压,进而控制蓄电池充电。单片机通过 P1.2 检测蓄电池充电电压,从而判断电池的状态,实现状态指示和对应的控制。当蓄电池过充时 PWM 置高,同时通过 P2.0 断开 Boost 电路与前端电路的连接,停止充电。当蓄电池电压低于过充设置的判断电压时,系统切换回充电状态。本实验可以通过软件编程实现对控制器状态的控制。

【注意事项】

实验过程中严禁短路现象的发生。

【实验步骤】

(1) 将太阳能电池板的"+""−"极分别连接到模块的太阳能电池板输入接口的"+""−"极。

(2) 将主平台上的"+5 V"和"GND"接到系统电源输入接口的"+5 V"和"GND",并按照如下方式进行接线:

防反接保护单元的"输出"	接	Boost 升压电路单元的"输入"
MCU 单元的"PWM 输出"	接	Boost 升压电路单元的"PWM"
Boost 升压电路单元的"输出"	接	蓄电池充放电控制单元的"J10"
蓄电池充放电控制单元输入的"+"和"−"	接	蓄电池单元的"+"和"−"
蓄电池充放电控制单元输出的"+"和"−"	接	照明单元的"J18"和"J19"

(3) 调节好太阳能电池板的受光角度。

(4) 打开系统电源开关,使系统工作在普通模式(指示单元的"普通"指示灯亮,"光控"和"时控"不亮),观察系统的工作状态,记录在表 7-3-1 中。

表 7-3-1　实验数据

工作模式	普通	光控	时控
发光二极管 D7 的工作状态 ("亮""灭""先亮后灭" "随光强变化而亮或灭")			

分别解释充电指示及照明单元中的"欠压""过放""过充"的含义。

【思考题】

如何测量控制器工作时各状态的必要参数?

实验四 控制器输出控制实验

【实验目的】

了解控制器输出方式的应用和原理。

【实验内容】

掌握控制器光控、时控、普通三种输出模式的使用。

【实验仪器】

(1) 实验平台一台。

(2) 太阳能 LED 路灯及照明模块一套。

(3) 万用表一个。

(4) 连接导线若干。

【实验原理】

(1) 控制器指示电路原理图如图 7-4-1 所示。

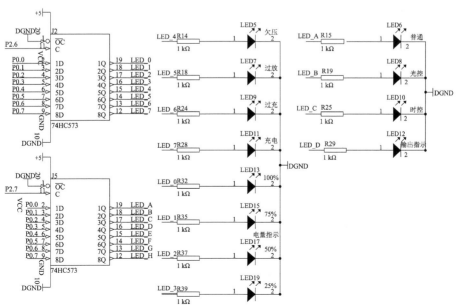

图 7-4-1 控制器指示电路原理图

（2）指示单元 LED 由单片机控制的锁存器（74HC573）来驱动。

【注意事项】

实验过程中严禁短路现象的发生。

【实验步骤】

（1）将太阳能电池板的"＋""－"极分别连接到模块的太阳能电池板输入接口的"＋""－"极。

（2）将主平台上的"＋5 V"和"GND"接到系统电源输入接口的"＋5 V"和"GND"，并按照如下方式进行接线：

电源控制单元的"电源输出"	接	Boost 升压电路单元的"输入"
MCU 单元的"PWM 输出"	接	Boost 升压电路单元的"PWM"
Boost 升压电路单元的"输出"	接	蓄电池充放电控制单元的"J10"
蓄电池充放电控制单元输入的"＋"和"－"	接	蓄电池单元的"＋"和"－"
蓄电池充放电控制单元输出的"＋"和"－"	接	照明单元的"J18"和"J19"

（3）通过 MCU 单元的"设置"和"确认"按键选择控制器状态为光控模式（选择后闪烁，确认后为选定）。

（4）调节太阳能电池板的受光角度。

（5）通过 MCU 单元的"设置"和"确认"按键选择控制器状态为时控模式（选择后闪烁，确认后为选定）。

（6）观察实验现象。

分析太阳能充电指示及照明单元中的"光控""时控"在实际中的作用？

【思考题】

如何通过软件程序修改"光控"和"时控"的参数，并通过白炽台灯和电池板来验证程序逻辑的正确性？

实验五　光伏控制器程序设计实验

【实验目的】

（1）熟悉光伏控制器的工作原理。

（2）熟悉光伏控制器的程序设计原理。

（3）掌握光伏控制器的程序设计方法。

【实验内容】

（1）光控电压设计实验。

（2）时控时间设计实验。

【实验仪器】

（1）实验平台一台。

（2）太阳能 LED 路灯及照明驱动模块一套。

（3）万用表一个。

（4）示波器一个。

（5）电脑一台。

（6）连接导线若干。

（7）USB 连接线一根。

【实验原理】

（1）蓄电池及后端输出控制电路原理图如图 7-5-1 所示。

（2）结合本章实验中的图 7-3-1、图 7-4-1、图 7-5-1 修改程序以实现光控控制电压。

【注意事项】

实验过程中严禁短路现象的发生。

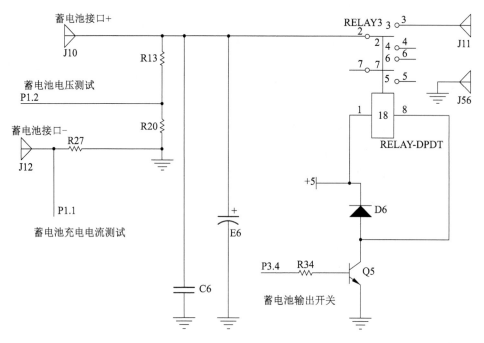

图 7-5-1　蓄电池及后端输出控制电路原理图

【实验步骤】

（1）在电脑上安装 Keil uVision3 编程开发软件,修改程序对应的部分,如图 7-5-2 所示。

```
#define uchar unsigned char
#define uint unsigned int
#define Vgf     2000          //过放电压 2V
#define Vgc     5000          //过充电压 5V
#define Vcm     4000          //充满电压 4V
#define Vgk     2000          //光控电压 2V

//flag0为电量采样标志位,为1时采样,flag1为时控模式时灯亮状态
uint Sel_mode=0,L=0,L1=0,flag0=1,flag1=0,dinshi=0;//Sel_mo
uint fengflag=0,fengtimes=0,fengnum=0;//fengflag为蜂鸣器响标志
uint tempmode=0;//设置按钮的临时状态
uint shannum=0,liangflag=0,setflag=0;//shannum控制模式指示灯闪
```

图 7-5-2　光控程序修改位置示意图

（2）将修改的程序重新编译、下载到 MCU,设计规格如表 7-5-1 所示。

表 7-5-1　设计规格

参数	过放电压	过充电压	充满电压	光控电压
参数设置值/V	2.5	4.5	4.2	1.8

（3）按照本章实验四的实验步骤进行实验连线和操作,用示波器监测太阳能电池板

输入接口中间的 TEST1 的电压值,同时改变电池板的受光角度,观察 TEST1 的电压值变化情况并与设定的光控电压值做比较,分析实验现象。

分析参数变化前后的工作状态有何不同。

【思考题】

（1）尝试修改时控模式下的输出时间。

（2）实验过程中,尝试用万用表测量电路中的相关参数。

第 八 章

LED 照明控制模块实验

对 LED 照明特性进行不同形式的控制,可以形成不同的控制模块。本章介绍 LED 照明声光控制实验、光电控制实验和热电控制实验。

（一）热释电器件

热释电器件是一种利用某些晶体材料的自发极化强度随温度变化而产生热释电效应制成的新型热探测器件,相当于一个以热电晶体为电介质的平行板电容器。热电晶体具有自发极化性质,自发极化矢量能够随着温度变化,因此入射辐射可以引起电容器电容的变化。可利用这一特性来探测变化的辐射。

1. 热释电效应

热敏晶体是压电晶体的一种,具有非中心对称的晶体结构。自然状态下,极性晶体内的分子在某个方向上的正负电荷中心不重合,从而在晶体表面存在着一定的极化电荷。当晶体温度变化时,可引起晶体分子的正负电荷中心发生位移,因此晶体表面上的极化电荷量随之变化,这就是热敏晶体的热释电效应,如图 8-0-1 所示。

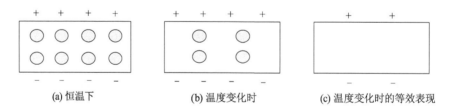

(a) 恒温下　　　　　　　(b) 温度变化时　　　　　　(c) 温度变化时的等效表现

图 8-0-1　热敏晶体在温度变化时所显示的热释电效应

当温度恒定时,因晶体表面吸附着来自周围空气中的异性自由电荷,因而观察不到它的自发极化现象。自由电荷中和极化电荷的时间要根据环境中自由电荷的数量而定,大约为数秒到数小时。如果晶体的温度在极化电荷被中和之前就发生了变化,则晶体表面的极化电荷也随之变化,若它吸附周围电荷的速度跟不上它的极化电荷变化而使晶体表面失去平衡,这时即显现出晶体的自发极化现象。这一过程的平均作用时间为 $\tau = \dfrac{\varepsilon}{\sigma}$,式中的 ε 为晶体的介电常数,σ 为晶体的电导率。自发极化现象的弛豫时间很短,约为

10^{-12} s。所以,当入射辐射是变化的,且仅当辐射的调制频率 $f = \dfrac{1}{\tau}$ 时才有热释电信号输出,即热释电探测器是工作于交变辐射下的非平衡器件。

设晶体的自发极化矢量为 $\boldsymbol{P}_S$,$\boldsymbol{P}_S$ 的方向垂直于电容器的极板平面。接收辐射的极板和另一极板重合部分的面积为 A,辐射引起的晶体温度变化为 ΔT。则引起晶体表面极化电荷的变化为

$$\Delta Q = A \Delta P_S \tag{8-0-1}$$

改变式(8-0-1)的形式,则有

$$\Delta Q = A(\Delta P_S / \Delta T)\Delta T = A\lambda\Delta T \tag{8-0-2}$$

式中:$\lambda = \Delta P_S / \Delta T$ 为热释电系数。

2. 热释电器件的特性

制作热释电器件的常用材料有硫酸三甘肽晶体、钽酸锂晶体、聚氟乙烯和聚二氟乙烯聚合物薄膜等。但无论哪种材料都有一个特定温度,称为居里温度。当温度高于居里温度时,自发极化矢量减小为零,只有当温度低于居里温度时,材料才有自发极化性质。所以正常使用器件时,都要使其工作于与居里温度温差大一点的温度区。

热释电器件的基本结构是一个电容器,输出阻抗很高,因此它后面常接有场效应管,构成源极跟随器的形式,使输出阻抗降低到适当的数值。

总之,热释电器件是一种比较理想的热探测器,其机械强度、响应灵敏度、响应速度都很高。根据它的工作原理,它只能探测变化的辐射,入射辐射的脉冲宽度必须小于自发极化矢量的平均作用时间。辐射恒定时无输出。利用它来测量辐射体的温度时,它的直接输出是背景与热辐射体的温差,而不是热辐射体的实际温度。所以,要确定热辐射体的实际温度,必须另设一个辅助探测器,先测出背景温度,然后将背景温度与热辐射体的温差相加,即得被测物体的实际温度。另外,因各种热释电材料都存在一个居里温度,所以它只能在低于居里温度的温度范围内使用。

(二)热释电红外传感器

热释电红外传感器内部是由传感器敏感单元、阻抗变换器和滤光窗三大部分组成。

对不同的传感器来说,敏感单元的制作材料不同。从原理上讲,任何发热体都会产生红外线,热释电红外传感器对红外线的敏感程度主要表现在传感器敏感单元的温度所发生的变化,而温度的变化会导致电信号的产生。所以,红外传感器只对物体的移动敏感,对静止或移动很缓慢的物体不敏感,它还可以抗可见光的干扰。

人体辐射的最强红外线波长正好落在滤光窗的响应波长(7 ~ 14 μm)中心,滤光窗能有效地让人体辐射的红外线通过,而最大限度地阻止阳光、灯光等可见光中的红外线通过,以免引起干扰。

总之,热释电红外传感器主要是由一种高热电系数的材料,如锆钛酸铅系陶瓷、钽酸

锂、硫酸三甘钛等制成的探测元件。在每个探测器内装入一个或两个探测元件，并将两个探测元件反极性串联，以抑制由于自身温度升高而产生的干扰。由探测元件将探测并接收到的红外辐射信号转变成微弱的电压信号，经装在探头内的场效应管放大后向外输出。

（三）菲涅尔透镜

为了提高探测器的探测灵敏度以增大探测距离，一般在探测器的前方安装一个菲涅尔透镜。该透镜是由透明塑料制成。将透镜的上、下两个部分各分成若干等份，制成一种具有特殊光学系统的透镜。它与放大电路相配合，可将信号放大，这样就可以测出一定范围内人的行动。

菲涅尔透镜利用透镜的特殊光学原理，在探测器前方产生一个交替变化的"盲区"和"高灵敏区"，以提高它的探测接收灵敏度。当有人从透镜前走过时，人体发出的红外线就不断地交替从"盲区"进入"高灵敏区"，使接收到的红外信号以忽强忽弱的脉冲形式输入，从而增强其能量幅度。

菲涅尔透镜多是由聚烯烃材料注压而成的薄片，也有的是玻璃制作的，镜片表面为光面，另一面刻录了由小到大的同心圆，它的纹理是利用光的干涉和扰射，以及根据相对灵敏度和接收角度要求来设计的。透镜的要求很高，一片优质的透镜必须是表面光洁，纹理清晰，其厚度也随用途而变，多在 1 mm 左右，还有面积较大、侦测距离远等特性。

菲涅尔透镜在很多时候相当于凸透镜，效果较好，且成本比普通的凸透镜低很多，多用于对精度要求不是很高的仪器中，如幻灯机、薄膜放大镜、红外探测器等。

菲涅尔透镜有两个作用：一是聚焦作用，即将热释红外信号折射（反射）在 PIR（被动红外线探测器）上；二是将探测区域分为若干个明区和暗区，使进入探测区域的移动物体能以温度变化的形式在 PIR 上产生变化的热释红外信号。

菲涅尔透镜，简单地说就是在透镜的一侧有等距的齿纹。通过这些齿纹，可以达到对指定光谱范围的光带通（反射或折射）的作用。传统的打磨光学器材的带通光学滤镜造价昂贵，菲涅尔透镜可以极大地降低成本。典型的例子就是 PIR。PIR 广泛使用在警报器上。在每个 PIR 上都有个塑料的小帽子，这就是菲涅尔透镜。小帽子的内部都刻上了齿纹。这种菲涅尔透镜可以将入射光的频率峰值限制在 10 μm 左右（人体红外线辐射的峰值）。

菲涅耳透镜可以把透过窄带干涉滤光镜的光聚焦在硅光电二级探测器的光敏面上，菲涅尔透镜由有机玻璃制成，不能用任何有机溶液（如酒精）擦拭，除尘时可先用蒸馏水或普通净水冲洗，再用脱脂棉擦拭。

现在相机的对焦屏都是磨砂毛玻璃菲涅尔透镜制成，其优点是明亮和亮度均匀。当对焦不准时，在对焦屏上所成的像是不清晰的。为了配合更精确的对焦，一般在对焦屏中央装有裂像和微棱环装置。当对焦不准时，被摄物体在对焦屏中央的像分裂成两个图像，当这两个分裂的图像合二为一时，就表明对焦准确了。AF 单反机的标准对焦屏一般不设有裂像装置,而是刻有一个小矩形框来表示 AF 区域,有些对焦屏上还刻有局部测光或点测光区域。早期 AF 单反机在光线较暗的环境中对焦时,往往很难看见对焦框,难以判断相机是以哪一点作为对焦点,新一代单反机对焦屏上的对焦点会发光,或者有对焦声音提示,以便于在复杂的环境中确认对焦。不同类型的对焦屏有不同的用途,拍摄人像用裂像对焦屏更好,带横竖线或刻度的对焦屏适用于建筑物摄影和文件翻拍,中间部分没有裂像而只有微棱的对焦屏适用于小光圈镜头,它不会有裂像一边亮一边黑的缺点。不少单反相机的对焦屏可由用户自己更换,又称螺纹透镜。

实验一　LED 照明声电控制实验

【实验目的】

掌握声控延时电路的原理。

【实验内容】

声控照明延时电路的二次开发实验。

【实验仪器】

(1) LED 显示应用综合实验箱一台。

(2) LED 照明控制模块一套。

(3) 连接导线若干。

【实验原理】

1. LED 照明声电控制结构示意图

LED 照明声电控制系统主要由声音传感器、声电信号检测电路、延时电路及 LED 光源等几个部分组成。声音传感器一般采用小麦克风形式,同时结合三极管、电容器等电子元件。当有较大的声音时,声音会通过麦克风转化为电信号。然后通过放大电路将此信号放大,最后推动晶体管导通,灯泡被点亮。具体电路图如图 8-1-1 所示。

图 8-1-1　LED 照明声电控制结构示意图

2. 声控延时电路原理图

声控延时电路原理图如图 8-1-2 所示。

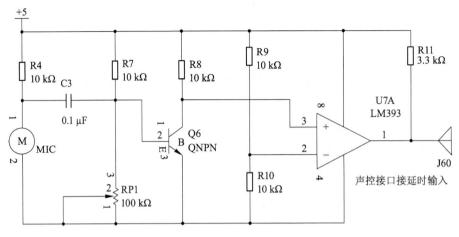

图 8-1-2　声电信号检测电路

电路中 MIC 为声音传感器(麦克风,对应传感器单元"IN +""IN −"输入接口),电路调试过程主要是调节电位器 RP1 的阻值大小,进而调节声音或振动的检测精度。电路中的 C3 为隔直电容,可以阻隔直流信号,让电路只检测声音传感器输出的交流信号。当声音交流信号通过 C3 后,再通过三极管 Q6 放大,经过 LM393 比较输出后控制后级延时及 LED 光源的输出。延时单元电路和 LED 光源电路分别如图 8-1-3 和图 8-1-4 所示。

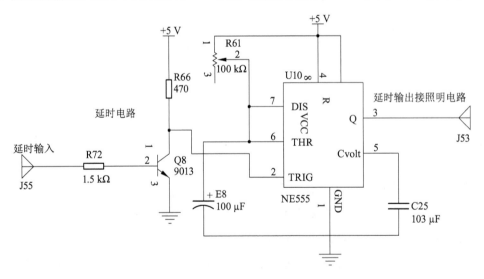

图 8-1-3　延时单元电路

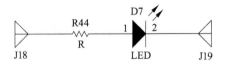

图 8-1-4　LED 光源电路

【注意事项】

实验过程中严禁短路现象的发生。

【实验步骤】

（1）按照图 8-1-2、图 8-1-3、图 8-1-4 逐级连接实验导线，其中延时单元电路采用模块中的"延时单元"部分。

（2）打开电源开关，发出声响信号，观察实验现象。若 LED 未亮，调节电位器 RP1（100 K），直到 LED 能够因声音或振动信号点亮。

计算或测量有声音或振动时 LED 能因声音点亮的条件下，RP1 的电阻大小。

（3）完成实验后关闭电源，断开实验导线。

【思考题】

声控延时有哪些应用?

实验二　LED 照明光电控制实验

【实验目的】

掌握光控延时电路的原理。

【实验内容】

光控照明延时电路实验。

【实验仪器】

（1）LED 显示应用综合实验箱一台。

（2）LED 照明控制模块一套。

（3）连接导线若干。

【实验原理】

1. LED 照明光电控制结构示意图

LED 照明光电控制系统主要由光电传感器、光电信号检测电路、延时电路及 LED 光源等几个部分组成。光电传感器一般采用光敏电阻，利用光敏电阻的暗电阻大与亮电阻小的原理作为开关控制信号。光电控制照明主要应用于路灯、楼道灯等照明系统的控制，为实现白天灯灭，晚上或光线弱的时候灯亮的智能控制。具体电路图如图 8-2-1 所示。

图 8-2-1 LED 照明光电控制结构示意图

2. 光控延时电路原理图

光控延时电路原理图如图 8-2-2 和图 8-2-3 所示。

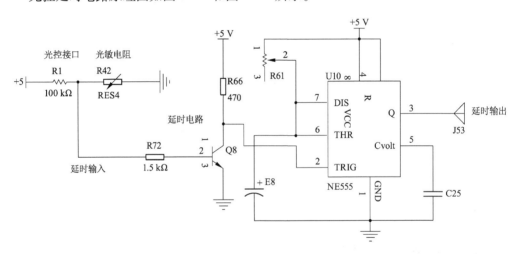

图 8-2-2 光控延时电路原理图

光照好或在白天环境，光敏电阻的亮电阻小，一般为 2 ~ 3 kΩ，根据分压原理，光敏电阻两端分得的电压小，三极管 Q8 无法导通，延时电路及 LED 光源不工作；当光线弱或在晚上时，由于光敏电阻的暗电阻大，一般为 2 MΩ 左右，此时光敏电阻两端分得的电压大，则三极管 Q8 导通，延时电路工作，LED 光源点亮，进而实现照明的光电控制功能。LED 光源电路如图 8-2-3 所示。

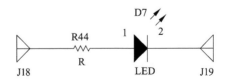

图 8-2-3 LED 光源电路

【注意事项】

实验过程中严禁短路现象的发生。

【实验步骤】

（1）按照图 8-2-2 和图 8-2-3 逐级连接实验导线，延时输出 J53 接 J18（电路内部的部分已共地，按照明单元后 J19 要接地）。

（2）打开电源开关，用手挡住光电传感器后再移开，观察 LED 光源亮灭变化。

① 测量有光和无光时光敏电阻两端电压的大小，并计算光敏电阻的暗电阻和亮电阻的大小。

$U_{暗}$ = ＿＿＿＿＿＿＿；　　　$U_{亮}$ = ＿＿＿＿＿＿＿；

$R_{暗}$ = ＿＿＿＿＿＿＿；　　　$R_{亮}$ = ＿＿＿＿＿＿＿。

② 举例说明 LED 照明光电控制电路的应用。

（3）完成实验后关闭电源，断开实验导线。

【思考题】

光控延时电路有哪些应用？

实验三　LED 照明热电控制实验

【实验目的】

掌握热释电电路的原理及应用。

【实验内容】

热释电照明电路的原理及应用实验。

【实验仪器】

（1）LED 显示应用综合实验箱一台。

（2）LED 照明控制模块一套。

（3）连接导线若干。

【实验原理】

1. 热释电控制结构示意图

热释电控制系统主要由热释电传感器、信号检测电路、延时单元电路和 LED 光源电路等组成,主要利用热释电传感器对人体红外线辐射敏感的特征来识别附近是否有人活动,进而控制照明光源或其他开关等。热释电控制结构示意图如图 8-3-1 所示。

图 8-3-1　热释电控制示意结构图

2. 热释电控制延时电路原理图

当热释电传感器检测到人体红外辐射信号时,信号经过图 8-3-2 和图 8-3-3 中的电路处理及放大从 J54 输出,同时 J54 输出信号经过延时电路 J55 输入进行延时处理,再通过 J53 输出以控制 LED 光源,当有人体在附近的条件下,光源点亮,同时保持一定时间的延时,达到智能照明控制的作用。

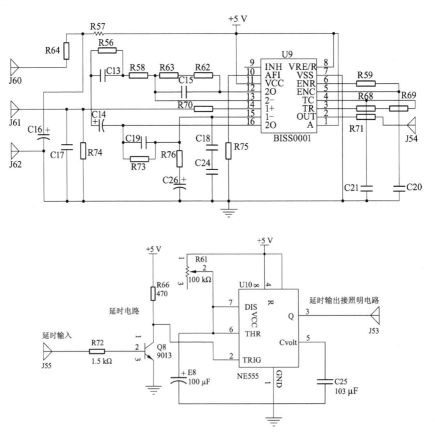

图 8-3-2　热释电控制延时电路原理图

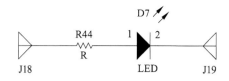

图 8-3-3　LED 光源电路

【注意事项】

实验过程中严禁短路现象的发生。

【实验步骤】

（1）按照如下方式连接实验导线：

热释电传感器的"D"	接	热释电探测处理单元的"J60"
热释电传感器的"S"	接	热释电探测处理单元的"J61"
热释电传感器的"G"	接	热释电探测处理单元的"J62"
热释电探测处理单元的"输出"	接	延时单元的"输入"
延时单元的"输出"	接	照明单元的"J18"
照明单元的"J19"	接	电源接口的"GND"

（2）打开电源开关，远离热释电传感器，观察实验现象。

（3）待照明单元不亮后（热释电传感器电路开始工作前需要一段稳定时间），再靠近热释电传感器或用手靠近热释电传感器，观察 LED 光源亮灭变化。

举例说明热释电控制电路的应用。

（4）完成实验后关闭电源，断开实验导线。

【思考题】

热释电延时电路的主要影响因素有哪些？

第 九 章

OLED 特性测试及显示实验

OLED 即有机发光二极管,又称为有机电致发光显示。因为其具备轻薄、省电等特性,所以从 2003 年开始逐步得到广泛应用。OLED 照明是 OLED 应用的一个重要的方向。

OLED 照明产品的优势不胜枚举,它不但具备可弯曲、柔软等特性,而且在薄如糖果纸的 OLED 照明器件上任意打洞,也无损其维持正常发亮,甚至可以任意裁切。固态照明的 LED,在面光源的照明应用上,现阶段的制作方式仍需使用扩散板或导光板,但这会使其高发光效率大打折扣。而 OLED 无须使用扩散板或导光板,也可以达到高发光效率。就技术层面而言,LED 发热量大,需要散热机制,但 OLED 照明却不需要。若观察 OLED 灯与荧光灯在相同条件下一起点亮,可以发现荧光灯温度会从室温升高到 50 ℃;OLED 灯温度仅从 20 ℃升高到 30 ℃。

OLED 灯在透明度及散热效果、薄型化上具有较高的产品优势。整体来看,OLED 灯的优势在于它具有高发光效率,适用于大面积面光源,开关速度快,OLED 灯还能调整颜色,符合各种颜色需求。

色温对人的生理时钟及健康有重要影响,它应是照明光源的首要功能指标。低色温光线像是落日余晖,不容易妨碍退黑激素的产生,进而抑制肿瘤,并帮助人体放松,有益睡眠。而高色温光线,可以刺激清醒激素的产生,让人注意力集中。白天或夜晚,工作或休息,应使用不同色温的照明。超高演色性照明可提高居家或商场摆设的美感,而 OLED 的色温及演色性均容易设计调整。

类太阳光 OLED 可以把户外自然光源带到室内,从此人们可以在家享受日出、日落与晴天的大自然情境。色温可调的类太阳光 OLED 对于照明、摄影、装潢、心理、医学及农业等领域的发展均有所帮助。据了解,有些地区因长期照射不到日光而成为忧郁症的高发地,甚至出现自杀的现象,这或许可通过照明而改善。

就技术层面而言,OLED 照明目前所面对的挑战有寿命、效率与制造成本问题,而制造成本为决胜的关键。OLED 具有其他光源无法提供的功能,如温和、自然、色温可调、透明度与可挠等,这些特质是 OLED 的制胜关键。OLED 技术近年来的快速发展给人们提供了节能且健康的新照明选择。尽管 OLED 存在价格和亮度方面的劣势,但由于 OLED 有机平板灯堪称史上最理想的半导体照明光源,这使得 OLED 照明背后蕴藏着巨大的商机。

西门子、飞利浦、欧司朗等国际大厂相继在 OLED 照明领域进行大量的研发投入。

目前国内正努力提案研发新制造设备并开发自有制造技术,这将大量提高材料使用率,并加快生产效率,直接降低生产成本,有效提升全球竞争力。国内 OLED 也开始进入照明环境,据预测,OLED 照明将以 75% 的年均增长率增长。到 2023 年,OLED 照明总产值将飙升至 67 亿美元。而 OLED 灯与 LED 灯两者的固态照明比重也将跃居灯源一半以上的照明市场,其高发光效率与长使用寿命将为照明市场带来革新,成为照明市场新霸主。

OLED 与 LED 的对比分析如图 9-0-1 所示。

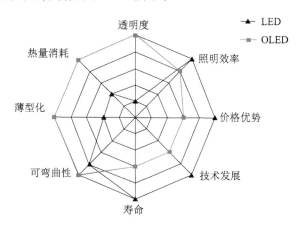

图 9-0-1　OLED 与 LED 的对比分析

(一) OLED 器件及材料

OLED 显示技术与传统的 LCD 显示技术不同,OLED 显示无须背光灯,采用的是非常薄的有机材料涂层和玻璃基板,当有电流通过时,这些有机材料就会发光。而且 OLED 显示屏可以做得更轻、更薄、可视角度更大,并且能够显著地节省电能。

在 OLED 的两大技术体系中,低分子 OLED 技术为日本掌握,而高分子 PLED 技术及专利则由英国的科技公司 CDT 掌握。

虽然有机发光显示技术还存在屏幕大型化难等缺陷,但作为下一代显示技术,更优秀的 OLED 会取代普通的 LED,而且这种趋势在当今显示技术领域更趋明显。

为了形象地说明 OLED 的构造,可以将每个 OLED 单元比作一块"三明治",发光材料就是夹在中间的蔬菜。每个 OLED 的显示单元都能受控制地产生三种不同颜色的光。与 LED 一样,OLED 也有主动式和被动式之分。在被动方式下,OLED 由行列地址选中的单元被点亮。而在主动方式下,OLED 单元后面有一个薄膜晶体管(TFT),发光单元在 TFT 的驱动下点亮。主动式 OLED 应该比被动式 OLED 省电,且显示性能更佳。

1. OLED 的结构和原理

OLED 是由一薄而透明且具有半导体特性的铟锡氧化物(ITO)与电源的正极相连,再加上另一个金属阴极,包成形如三明治的结构。整个结构层包括空穴传输层(HTL)、发光层(EL)与电子传输层(ETL)。当电力供应至适当的电压时,阳极空穴与阴极电荷就会在发光层中结合,产生光亮,依其配方不同产生红、绿、蓝(RGB)三原色,构成基本色彩。OLED 的基本结构如图 9-0-2 所示。

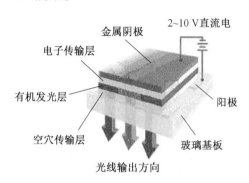

图 9-0-2　OLED 的基本结构

　　OLED 的特性是自己发光,不像 TFT LCD 需要背光源,因此可视度和亮度均更高。又由于其电压需求低且省电效率高,再加上反应快、重量轻、厚度薄、构造简单、成本低等优点,因此被视为 21 世纪最具前途的产品之一。

　　有机发光二极管的发光原理与无机发光二极管相似。当元件受到直流电(DC)所衍生的顺向偏压时,外加的电压能量将驱动电子与空穴分别由阴极与阳极注入元件,当两者在传导中相遇结合时,即形成所谓的电子—空穴复合。而当化学分子受到外来的能量激发后,若电子自旋和基态电子成对,则为单重态,其所释放的光为所谓的荧光;反之,若激发态电子和基态电子自旋不成对且平行,则称为三重态,其所释放的光为所谓的磷光。当电子的状态由激发态高能阶回到稳态低能阶时,其能量将分别以光子或热能的形式放出,其中光子的部分可被利用当作显示功能。然而有机荧光材料在室温下是无法观测到三重态的磷光,故 PM – OLED 元件发光效率的理论极限值为 25%。

　　PM – OLED 的发光原理是利用材料能阶差,将释放出来的能量转换成光子,所以可以选择适当的材料当作发光层或是在发光层中掺杂染料以得到我们所需要的发光颜色。此外,通常电子与空穴的结合反应均在数十纳秒(ns)内,故 PM – OLED 的应答速度非常快。

　　典型的 PM – OLED 是由玻璃基板、铟锡氧化物(ITO)阳极、有机发光层、金属阴极等组成。其中,薄而透明的 ITO 阳极与金属阴极如同三明治一般将有机发光层包夹其中,当电压注入阳极的空穴与阴极来的电子在有机发光层结合时,就激发有机材料发光。而目前发光效率较高、普遍被使用的多层 PM – OLED 结构,除玻璃基板、阴阳电极与有机发光层外,还需制作空穴注入层(HIL)、空穴传输层(HTL)、电子传输层(ETL)与电子注入层(EIL)等结构,且各传输层与电极之间需设置绝缘层,因此热蒸镀加工难度相对提高,制作过程易变得复杂。

　　由于有机材料及金属对氧气和水气相当敏感,制作完成后,需经过封装保护处理。

PM – OLED 虽然由数层有机薄膜组成，然而该有机薄膜层厚度仅为 $0.10 \sim 0.15~\mu m$，整个显示板在封装并加干燥剂后总厚度不超过 $200~\mu m$，非常轻薄。

2. 有机发光材料的选用

有机材料的特性深深地影响着元件的光电特性。在阳极材料的选择上，材料本身应具有高功函数与可透光性，所以具有 $4.5 \sim 5.3~eV$ 的高功函数、性质稳定且透光的 ITO 透明导电膜被广泛应用于阳极。在阴极部分，为了增加元件的发光效率，电子与空穴的注入通常需要低功函数的 Ag、Al、Ca、In、Li、Mg 等金属，或是低功函数的复合金属来制作阴极（如 Mg – Ag 镁银）。

适合传递电子的有机材料不一定适合传递空穴，所以有机发光二极管的电子传输层和空穴传输层必须选用不同的有机材料。目前最常被用来制作电子传输层的材料必须具备制膜安定性高、热稳定性和电子传输性佳等特点，所以通常采用荧光染料化合物，如 Alq、Znq、Gaq、Bebq、Balq、DPVBi、ZnSPB、PBD、OXD、BBOT 等。而空穴传输层的材料属于一种芳香胺荧光化合物，如 TPD、TDATA 等有机材料。

有机发光层的材料应具备固态下有较强荧光、载子传输性能好、热稳定性和化学稳定性佳、量子效率高且能够真空蒸镀的特性，一般有机发光层的材料使用通常与电子传输层或空穴传输层所采用的材料相同，例如 Alq 被广泛应用于绿光，Balq 和 DPVBi 则被广泛应用于蓝光。

一般而言，OLED 可按发光材料分为两种，即小分子 OLED 和高分子 OLED（也可称为 PLED）。小分子 OLED 和高分子 OLED 的差异主要表现在器件的制备工艺上，小分子 OLED 器件主要采用真空热蒸镀工艺，高分子 OLED 器件则采用旋转涂覆或喷涂印刷工艺。目前国际上与 OLED 有关的专利已经超过 1 400 项，其中最基本的专利有 3 项。小分子 OLED 的基本专利由美国 Kodak 公司拥有，高分子 OLED 的专利则由英国的 CDT 公司和美国的 Uniax 公司拥有。

3. 关键工艺

（1）氧化铟锡（ITO）基板前处理

① ITO 表面平整度：ITO 目前已广泛应用在商业化的显示器面板制造，其具有高透射率、低电阻率及高功函数等优点。一般而言，利用射频溅镀法（RF sputtering）所制造的 ITO，易受工艺控制因素不良而导致表面不平整，进而产生表面的尖端物质或突起物。高温煅烧及再结晶的过程亦会产生表面 $10 \sim 30~nm$ 的突起层。这些不平整层的细粒之间所形成的路径会提供空穴直接射向阴极的机会，而这些错综复杂的路径会使漏电流增加。一般有三种方法可以解决这种表面层的影响：一是增加空穴注入层及空穴传输层的厚度以降低漏电流，此方法多用于 PLED 及空穴层较厚的 OLED（约 200 nm）；二是将 ITO 玻璃再处理，使表面光滑；三是使用其他的镀膜方法使其表面平整度更好。

② ITO 功函数的增加：当空穴由 ITO 注入 HIL 时，过大的位能差会产生萧基能障，使得空穴不易注入，因此如何降低 ITO/HIL 接口的位能差则成为 ITO 基板前处理的重点。

一般使用 O_2 – Plasma 方式增加 ITO 中氧原子的饱和度,以达到增加功函数的目的。ITO 经 O_2-Plasma 处理后的功函数可由原来的 4.8 eV 提升至 5.2 eV,与 HIL 的功函数已非常接近。加入辅助电极,由于 OLED 为电流驱动组件,当外部线路过长或过细时,外部电路将会造成严重的电压梯度,使真正落于 OLED 组件的电压下降,导致面板发光强度减小。由于 ITO 电阻过大(约 10 Ω/m^2),易造成不必要的外部功率消耗,增加一辅助电极以降低电压梯度成了增加 OLED 发光效率、减少驱动电压的快捷方式。铬(Cr)金属是最常被用作辅助电极的材料,它具有对环境因子稳定性佳和对蚀刻液有较大的选择性等优点。然而,它的电阻值在膜层为 100 nm 时为 2 Ω/m^2,在某些应用中仍属过大,因此在相同厚度时拥有较低电阻值的铝(Al)金属则成为辅助电极的另一较佳的选择。但是,铝金属的高活性也使其存在信赖性方面的问题。因此,多叠层的辅助金属则被提出,如 Cr/Al/Cr 或 Mo/Al/Mo,然而此类工艺增加了复杂度及成本,故辅助电极材料的选择成为 OLED 工艺中的重点之一。

(2)阴极工艺

在高解析的 OLED 面板中,将细微的阴极与阴极之间隔离,一般所用的方法为蘑菇构型法,此工艺类似印刷技术的负光阻显影技术。在负光阻显影过程中,许多工艺上的变异因子会影响阴极的品质及良品率,例如,体电阻、介电常数、高分辨率、高 Tg、低临界维度的损失,以及与 ITO 或其他有机层适当的黏着接口等。

(3)封装

① 吸水材料。一般的,OLED 的生命周期易受周围水气与氧气的影响而降低。水气的来源主要分为两种:一种是经由外在环境渗透进入组件内,另一种是在 OLED 工艺中被每一层物质所吸收的水气。为了减少水气进入组件或排除工艺中所吸附的水气,一般最常使用的物质为吸水材。吸水材可以利用化学吸附或物理吸附的方式捕捉自由移动的水分子,以达到去除组件内水气的目的。

② 封装工艺及设备开发。为了将吸水材置于盖板及顺利将盖板与基板黏合,需在真空环境或将腔体充入不活泼气体下进行,例如氮气。值得注意的是,如何让盖板与基板这两部分工艺的衔接更有效率、减少封装工艺成本、减少封装时间以达到最佳量产速率,它们俨然成为封装工艺及设备技术发展的三大主要目标。

4. 彩色化技术

显示器全彩色是检验显示器是否在市场上具有竞争力的重要标志,因此许多全彩色化技术也应用到 OLED 显示器上。按面板的类型,彩色化技术通常有三种:RGB 像素独立发光、光色转换和彩色滤光膜。

(1)RGB 像素独立发光

利用发光材料独立发光是目前采用最多的彩色模式。它是利用精密的金属荫罩与 CCD 像素对位技术,首先制备红、绿、蓝三基色发光中心,然后调节三种颜色组合的混色比,产生真彩色,使三色 OLED 元件独立发光构成一个像素。该项技术的关键在于提高发光材料的色纯度和发光效率,同时金属荫罩刻蚀技术也至关重要。随着 OLED 显示器的彩色化、高分辨率和大面积化,金属荫罩刻蚀技术直接影响着显示板画面的质量,所以对金属荫罩的图形尺寸精度及定位精度提出了更加苛刻的要求。

（2）光色转换

光色转换是以蓝光 OLED 来进行光色转换。首先制备发蓝光的 OLED 器件,然后利用其蓝光激发光色转换材料得到红光和绿光,从而获得全彩色。该项技术的关键在于提高光色转换材料的色纯度及效率。这种技术不需要金属荫罩对位技术,只需要蒸镀蓝光 OLED 元件,是未来大尺寸全彩色 OLED 显示器极具潜力的全彩色化技术之一。但它的缺点是光色转换材料容易吸收环境中的蓝光,造成图像对比度下降,同时光导也会造成画面质量降低。

（3）彩色滤光膜

此种技术是利用白光 OLED 结合彩色滤光膜,首先制备发白光的 OLED 器件,然后通过彩色滤光膜得到三基色,再组合三基色实现彩色显示。该项技术的关键在于获得高效率和高纯度的白光。它的制作过程不需要金属荫罩对位技术,可采用成熟的液晶 LCD 显示器的彩色滤光膜制作技术。所以是未来大尺寸全彩色 OLED 显示器具有潜力的全彩色化技术之一,但采用此技术使透过彩色滤光膜造成的光损失高达 2/3。目前日本 TDK 公司和美国 Kodak 公司是采用这种方法制作 OLED 显示器的。

RGB 像素独立发光、光色转换和彩色滤光膜三种制造 OLED 显示器全彩色化技术各有优缺点,可根据工艺结构及有机材料决定。

5. 驱动方式

OLED 的驱动方式分为无源驱动（被动式驱动）和有源驱动（主动式驱动）。

（1）无源驱动（PMOLED）

无源驱动分为静态驱动方式和动态驱动方式。

① 静态驱动方式:在静态驱动的有机发光显示器件上,一般各个有机电致发光像素的阴极是连在一起引出的,各像素的阳极是分立引出的,这就是共阴的连接方式。若要使一个像素发光,只要让恒流源的电压与其阴极的电压之差大于像素发光值的前提下,像素将在恒流源的驱动下发光;若要一个像素不发光,则将它的阳极接在一个负电压上,就可将它反向截止。但是在图像变化比较多时可能出现交叉效应,为了避免这种情况,我们必须采用交流的形式。静态驱动电路一般用于段式显示屏的驱动上。

② 动态驱动方式:在动态驱动的有机发光显示器件上,人们把像素的两个电极做成矩阵型结构,即水平一组显示像素的相同性质的电极是共用的,纵向一组显示像素的相同性质的另一电极是共用的。如果像素可分为 N 行和 M 列,就可有 N 个行电极和 M 个列电极。行和列分别对应发光像素的两个电极,即阴极和阳极。在实际电路驱动的过程中,要逐行点亮或要逐列点亮像素,通常是采用逐行扫描的方式,行扫描时,列电极为数据电极。

实现方式是:循环地给每行电极施加脉冲,同时所有列电极给出该行像素的驱动电流脉冲,从而实现一行所有像素的显示。与该行不在同一行或同一列的像素就加上反向电压使其不显示,避免出现交叉效应。这种扫描是按逐行顺序进行的,扫描所有行所需的时间叫作帧周期。

在一帧中每一行的选择时间是均等的。假设一帧的扫描行数为 N,扫描一帧的时间为 1,那么一行所占有的选择时间为一帧时间的 $1/N$,该值被称为占空比系数。在同等电流下,扫描行数增多将使占空比下降,从而引起有机电致发光像素上的电流注入在一帧中的有效性下降,降低了显示质量。因此,随着显示像素的增多,为了保证显示质量,就需要适度地提高驱动电流或采用双屏电极机构以提高占空比系数。

除了由于电极的公用形成交叉效应外,有机电致发光显示屏中正负电荷载流子复合形成的发光机理使任何两个发光像素,只要组成它们结构的任何一种功能膜是直接连接在一起的,那两个发光像素之间就可能有相互串扰的现象,即一个像素发光,另一个像素也可能发出微弱的光。出现这种现象主要是由有机功能薄膜厚度均匀性差、薄膜的横向绝缘性差造成的。从驱动的角度,为了减缓这种不利的串扰,采取反向截止法也是一种有效的方法。

显示器的灰度等级是指黑白图像由黑色到白色之间的亮度层次。灰度等级越多,图像从黑到白的层次就越丰富,细节也就越清晰。灰度对于图像显示和彩色化都是一个非常重要的指标。一般用于有灰度显示的屏多为点阵显示屏,其驱动也多为动态驱动,实现灰度控制的方法有空间灰度调制、时间灰度调制等。

OLED 无源驱动结构示意图如图 9-0-3 所示。

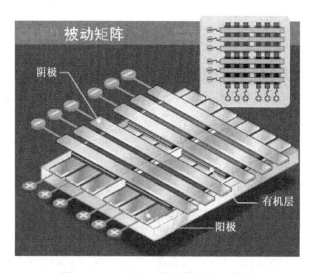

图 9-0-3　OLED 无源驱动结构示意图

(2)有源驱动(AMOLED)

有源驱动的每个像素配备具有开关功能的低温多晶硅薄膜晶体管(LTP - Si TFT),而且每个像素配备一个电荷存储电容,外围驱动电路和显示阵列整个系统都集成在同一玻璃基板上。与 LCD 相同的 TFT 结构无法用于 OLED。这是因为 LCD 采用电压驱动,而 OLED 却依赖电流驱动,其亮度与电流量成正比,因此除了进行 ON/OFF 切换动作的选址 TFT 之外,还需要能让足够电流通过的导通阻抗较低的小型驱动 TFT。

有源驱动属于静态驱动方式,它具有存储效应,可进行 100% 的负载驱动,这种驱动不受扫描电极数的限制,可以对各像素独立进行选择性调节。

有源驱动无占空比问题,驱动不受扫描电极数的限制,易于实现高亮度和高分辨率。

由于有源驱动可以对亮度的红色和蓝色像素独立进行灰度调节驱动,因此更有利于 OLED 彩色化的实现。

有源矩阵的驱动电路隐藏于显示屏内,更易于实现集成度和小型化。另外,由于解决了外围驱动电路与屏的连接问题,这在一定程度上提高了良品率和可靠性。

有源驱动结构示意图如图 9-0-4 所示。

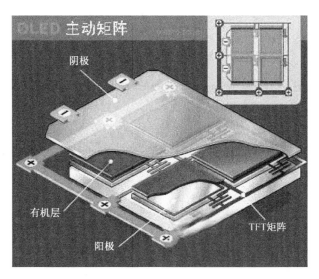

图 9-0-4 有源驱动结构示意图

(3)无源驱动与有源驱动的比较

无源驱动与有源驱动的比较见表 9-0-1。

表 9-0-1 无源驱动与有源驱动的比较

比较项目	有源驱动	无源驱动
驱动方式	连续发光(稳态驱动)	瞬间高密度发光(动态驱动、有选择性)
驱动 IC	TFT 驱动电路设计,内藏薄膜型驱动 IC	面板外附加 IC 芯片
扫描方式	线逐步式擦写数据	线逐步式扫描
像素控制	在 TFT 基板上形成有机 EL 画像素	阶调控制容易
成本	低电压驱动,低耗电能,高成本	高电压驱动,低成本
制造难易度	发光组件寿命长(制造复杂)	设计变更容易、交货期短(制造简单)
器件组合	(LTPS TFT) + OLED	简单式矩阵驱动 + OLED

（二）应用

1. OLED 在头戴式显示器领域的应用

以视频眼镜和随身影院为重要载体的头戴式显示器得到了越来越广泛的应用和发展。其在数字士兵、虚拟现实、虚拟现实游戏、3G 与视频眼镜融合、超便携多媒体设备与视频眼镜融合方面有卓越的优势。

与 LCD 和 LCOS（Liquid Crystal on Silicon）相比，OLED 在头戴式显示器上的应用优势有清晰鲜亮的全彩显示、超低的功耗等。它是头戴式显示器发展的一大推动力。

率先把 OLED 应用在视频眼镜上的是美国的 eMagin。OLED 无论是对于民用消费领域还是工业应用乃至军事用途都提供了一个极佳的近眼应用解决途径。随后，采用欧洲的超微 OLED 显示屏的视频眼镜被推向市场。在国内，iTheater（爱视代）凭借雄厚的研发实力率先推出世界首款高分子超微 OLED 显示屏的视频眼镜，并凭借其全知识产权的背景顺利打入国内军事领域，为中国数字士兵的建设出了一份力。

2. OLED 在显示和照明领域的地位

OLED 技术在提振行业当前不景气的方面迈出了一大步，它在显示和照明领域开拓出许多高利润的应用。有迹象表明，有源矩阵将最终主宰这一应用领域。

3. 透明显示和柔性显示

OLED 的独特优势使得其在透明显示和柔性显示领域将会有 LCD 无法比拟的优势，特别是柔性显示技术，近些年成为各大 OLED 显示技术厂家必争的显示技术高点。

实验一　OLED 的 V-I 特性测试实验

【实验目的】

（1）熟悉 OLED 器件。

（2）熟悉电流调节驱动 OLED 的工作原理。

【实验内容】

OLED 的 V-I 特性测试实验。

【实验仪器】

（1）实验平台一台。

（2）OLED 特性测试及照明模块一套。

（3）万用表两个。

（4）连接导线若干。

【实验原理】

1. OLED 发光原理

OLED 是指有机半导体材料和发光材料在电场的驱动下,通过载流子的注入和复合导致发光的现象。其原理是用 ITO 透明电极和金属电极分别作为器件的阳极和阴极,在一定的电压驱动下,电子和空穴分别从阴极和阳极注入电子和空穴传输层,电子和空穴分别经过电子和空穴传输层迁移到发光层,并在发光层中相遇,形成激子并使发光分子激发,发光分子便经过辐射发出可见光。实现用于照明的白光主要有两种方法:

(1) 波长转换法:用发蓝光的 OLED 去激发黄色、橙色、红色荧光或磷光粉来实现白光。

(2) 颜色混合法:用蓝光和橙光两种补偿光或红、绿、蓝三基色光通过掺杂或多层的方式实现白光。

OLED 的结构图如图 9-1-1 所示。

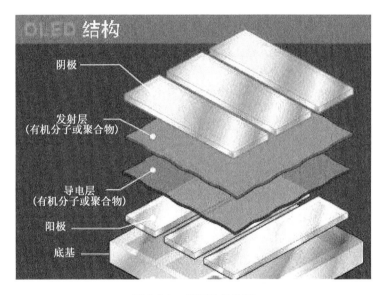

图 9-1-1　OLED 结构图

基层(透明塑料、玻璃、金属箔):用来支撑整个 OLED。

阳极(透明):在电流流过设备时消除电子(增加电子"空穴")。

有机层:有机层是由有机物分子或有机聚合物构成。

导电层:由有机塑料分子构成,这些分子传输从阳极而来的空穴。可采用聚苯胺作为 OLED 的导电聚合物。

发射层:由有机塑料分子构成(不同于导电层),这些分子传输从阴极而来的电子。可采用聚芴作为发射层聚合物。发光过程是在这一层进行的。

阴极(可以是透明的,也可以不透明,视 OLED 类型而定):当设备内有电流流通时,阴极会将电子注入电路。

2. OLED 的发光过程

OLED 发光的方式类似于 LED,需经历一个称为电磷光的过程,如图 9-1-2 所示。

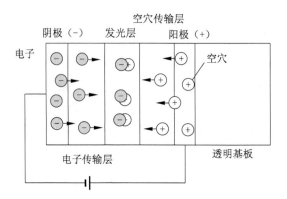

图 9-1-2　OLED 的发光过程

具体过程如下:

(1) OLED 设备的电池或电源在 OLED 两端施加一个电压。

(2) 电子流从阴极流向阳极,并经过有机层(电子流指电子的流动)。

(3) 阴极向有机分子发射层输出电子。

(4) 阳极吸收从有机分子传导层传来的电子(这可以视为阳极向传导层输出空穴,两者效果相同)。

(5) 在发射层和传导层的交界处,电子与空穴结合。

(6) 电子遇到空穴时,填充空穴(它会落入缺失电子的原子中的某个能级)。

(7) 这一过程发生时,电子以光子的形式释放能量。

(8) OLED 发光。

(9) 光的颜色取决于发射层有机物分子的类型。生产商会在同一片 OLED 上放置几种有机薄膜,这样就能构成彩色发光。

(10) 光的亮度或强度取决于施加电流的大小,电流越大,光的亮度就越高。

3. 频率调节驱动原理

通过 555 芯片设计电路,产生频率可调电路,从而达到调节 OLED 发光频率的目的。

【注意事项】

(1) 实验过程中严禁短路现象的发生。

(2) 调节旋钮时应均匀、缓慢用力。

【实验步骤】

(1) 将模块上的"＋5 V""＋12 V"及"GND"用导线连接到台体上的"＋5 V"

"+12 V"及"GND"(共地),用导线将模块上的J7(OLED +)与OLED结构件(OLED光源)上的"+"连接起来,将电流表的"+"连接到OLED结构件(OLED光源)上的"-",电流表的"-"接到模块上的J8(OLED -)接口上,再将电流表调到mA挡,打开电源开关时,电源指示灯亮、OLED亮。

(2)调节"频率调节"旋钮,将其调到OLED不闪的状态;调节"电流调节"旋钮,将其调到最大(OLED最亮的状态),再用万用表测量模块上J7(OLED +)、J8(OLED -)两端的电压,读取电压值并记录,同时记录下电流表的读数;依次调节"电流调节"旋钮,观察万用表2的电压值,电压每变化0.1 V读取一次电流表的电流值并记录,直至旋钮旋到底,并将记录的数据填入表9-1-1。

表 9-1-1　实验数据

电压/V								
电流/mA								
电压/V								
电流/mA								

(3)通过测得的数据画出V-I特性曲线。

【思考题】

OLED的V-I特性与LED有何异同?

实验二　OLED的电流—照度特性测试实验

【实验目的】

(1)熟悉OLED器件。
(2)熟悉电流调节驱动OLED的工作原理。

【实验内容】

(1)了解SE单位制的光度单位。
(2)OLED的电流—照度特性测试实验。

【实验仪器】

（1）实验平台一台。

（2）OLED 特性测试及照明驱动模块一套。

（3）连接导线若干。

【实验原理】

人们观看物体时，总是要借助于反射光，所以要经常用到"反射系数"的概念。反射系数是指某物体表面反射的流明数与入射到此表面的流明数之比，以 R 表示。

光照度是指从光源照射到单位面积上的光通量，以 E 表示，单位为勒克斯（lx）。

不同物体对光有不同的反射系数或吸收系数。光的强度可用照在某平面上的光的总量来度量，称为入射光或照度。若用从平面反射到眼球中的光量来度量光的强度，这种光称为反射光或亮度。例如，一般白纸大约吸收入射光量为 20%，反射光量为 80%；黑纸反射入射光量仅为 3%。所以，白纸和黑纸在亮度上差异很大。

光亮度是指发光体（反光体）表面发光（反光）强弱的物理量，用符号 L 表示，单位是坎德拉/平方米（cd/m²）。亮度是指人对光的强度的感受，是一个主观上的量。

亮度可用公式表示为

$$L = R \times E$$

式中：R 为反射系数；E 为光照度。

【注意事项】

（1）实验过程中严禁短路现象的发生。

（2）调节旋钮时应均匀、缓慢用力。

【实验步骤】

（1）将模块上的"+5 V""+12 V"及"GND"用导线连接到台体上的"+5 V""+12 V"及"GND"（共地），用导线将模块上的 J7（OLED+）与 OLED 结构件（OLED 光源）上的"+"连接起来，将电流表的"+"接到 OLED 结构件（OLED 光源）上的"-"上，电流表的"-"接到模块上 J8（OLED-）接口上，再将电流表调到 mA 挡，打开电源开关时，电源指示灯亮、OLED 亮。

（2）将探测器的"红""黑"接口分别引到探测电路的"PD+""PD-"，探测电路的"OUT+""OUT-"分别引到照度计的"+""-"，再将探测器贴近 OLED 光源，照度计测量此时 OLED 的光照强度并记录，同时记录下电流表的读数。依次调节"电流调节"旋钮，观察万用表 1 的电流值，电流每变化 10 mA 读取一次照度计的光照强度值并记录，直至旋钮旋到底，并将记录的数据填入表 9-2-1。

表 9-2-1　实验数据

电流/mA									
光照度/lx									
电流/mA									
光照度/lx									

（3）通过测得的数据画出 OLED 的电流—照度特性曲线。

【思考题】

如何测量 OLED 发光面板的亮度？

实验三　OLED 响应时间特性测试实验

【实验目的】

（1）熟悉 OLED 器件及示波器的操作。
（2）熟悉电流调节驱动 OLED 的工作原理。
（3）掌握 OLED 响应时间特性测试。

【实验内容】

OLED 响应时间特性测试实验。

【实验仪器】

（1）实验平台一台。
（2）OLED 特性测试及照明驱动模块一套。
（3）示波器一个。
（4）连接导线若干。
（5）电子器件模块（一）一块。

【实验原理】

OLED 发光面板响应时间为上电时间 T_2 与探测器接收到光信号的时间差,若将探测器接收到 OLED 发光面板的光信号强度的 90% 的时间作为测量时间 T_1，则 OLED 响应时间定义为 $T = T_1 - T_2$。

【注意事项】

（1）实验过程中严禁短路现象的发生。

（2）调节旋钮时应均匀、缓慢用力。

【实验步骤】

（1）按照如下方式接线，打开电源开关，电源指示灯亮、OLED 亮。

+5 V 电源的"+5 V"	接	模块"+5 V"、1 MΩ 电阻的一端
+5 V 电源的"GND"	接	模块"GND"
+12 V 电源的"+12 V"	接	模块"+12 V"
+12 V 电源的"GND"	接	模块"GND"
1 MΩ 电阻的另一端	接	光照度探测器末端黑色护套插座
光照度探测器末端红色护套插座	接	模块"GND"
双踪示波器的通道"CH1"	接	T_1
双踪示波器的通道"CH1"的地端	接	T_2
双踪示波器的通道"CH2"	接	光照度探测器末端黑色护套插座
双踪示波器的通道"CH2"的地端	接	光照度探测器末端红色护套插座
J7（OLED +）	接	OLED 结构件"+"
J8（OLED –）	接	OLED 结构件"–"

（2）调节"电流调节"旋钮，使 OLED 处于最亮状态。调节"频率调节"旋钮，使示波器上的波形稳定且清晰。观察示波器上的波形图，对比 CH1 和 CH2 的上升段的相位差。参考波形图如图 9-3-1 所示。

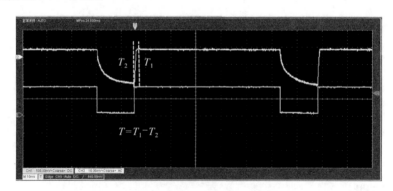

图 9-3-1　OLED 响应时间特性测试参考波形图

【思考题】

如何快速测量 OLED 的响应时间?

实验四 OLED 余辉时间特性测试实验

【实验目的】

(1) 了解余辉时间。
(2) 掌握 OLED 余辉时间测试。

【实验内容】

OLED 余辉时间特性测试实验。

【实验仪器】

(1) 实验平台一台。
(2) OLED 特性测试及照明驱动模块一套。
(3) 示波器一个。
(4) 连接导线若干。

【基本原理】

(1) 光电国家实验室关于余辉的解释是指从切断电源到图像显示消失的时间,也就是切断电源后 OLED 停止发光的时间。

(2) 本实验 OLED 发光面板余辉时间为断电时间(供电为逻辑低电平时间)T_4 与探测器接收到的光信号消失时间的时间差,将探测器接收到的 OLED 发光面板光信号消失的时间作为测量时间 T_3,OLED 余辉时间定义为 $T' = T_3 - T_4$。

【注意事项】

(1) 实验过程中严禁短路现象的发生。
(2) 调节旋钮时应均匀、缓慢用力。

【实验步骤】

(1) 按照如下方式接线,打开电源开关,电源指示灯亮、OLED 亮。

+5 V 电源的" +5 V"	接	模块" +5 V"、1 MΩ 电阻的一端
+5 V 电源的"GND"	接	模块"GND"
+12 V 电源的" +12 V"	接	模块" +12 V"
+12 V 电源的"GND"	接	模块"GND"
1 MΩ 电阻的另一端	接	光照度探测器末端黑色护套插座
光照度探测器末端红色护套插座	接	模块"GND"
双踪示波器的通道"CH1"	接	T_3
双踪示波器的通道"CH1"的地端	接	T_4
双踪示波器的通道"CH2"	接	光照度探测器末端黑色护套插座
双踪示波器的通道"CH2"的地端	接	光照度探测器末端红色护套插座
J7(OLED +)	接	OLED 结构件" + "
J8(OLED –)	接	OLED 结构件" – "

（2）调节"电流调节"旋钮,使 OLED 处于最亮状态。调节"频率调节"旋钮,使示波器上的波形稳定且清晰。观察示波器上的波形图,对比 CH1 和 CH2 的上升段的相位差。参考波形图如图 9-4-1 所示。

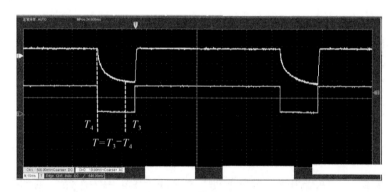

图 9-4-1　OLED 余辉时间特性测试参考波形图

【思考题】

若 OLED 作为显示器件,则余辉时间越大越好还是越小越好,为什么?

实验五　OLED 角度辐射特性测试实验

【实验目的】

（1）了解角度辐射。

（2）掌握 OLED 角度辐射特性测试。

【实验内容】

OLED 角度辐射特性测试实验。

【实验仪器】

（1）实验平台一台。

（2）OLED 特性测试及照明驱动模块一套。

（3）示波器一个。

（4）连接导线若干。

【实验原理】

通过旋转 OLED 底座螺母调节 OLED 发光角度,接收端接照度计,转动角度旋转支架,记录不同角度 OLED 辐射的照度值,绘制角度辐射特性曲线。

【注意事项】

（1）实验过程中严禁短路现象的发生。

（2）调节旋钮时应均匀、缓慢用力。

【实验步骤】

（1）将模块上的"＋5 V""＋12 V"及"GND"用导线连接到台体上的"＋5 V""＋12 V"及"GND"（共地）,用导线将模块上的 J7（OLED ＋）与 OLED 结构件（OLED 光源）上的"＋"连接起来,将模块上 J8（OLED －）与 OLED 结构件（OLED 光源）上的"－"连接起来。打开电源开关,电源指示灯亮、OLED 亮。

（2）调节"频率调节"旋钮,将其调到 OLED 的不闪状态;调节"电流调节"旋钮,将其调到最大（OLED 的最亮状态）。

（3）转动 OLED 结构件（OLED 光源）的底座,使其处于不同角度,当 OLED 处于不同角度时,用照度计在接收底座处测量不同角度时的照度值,并将记录的数据填入表9-5-1。

表 9-5-1　实验数据

角度/(°)									
光照度/lx									
角度/(°)									
光照度/lx									

（4）通过测得的数据画出角度辐射特性曲线图。

【思考题】

分析所绘制的 OLED 角度辐射特性曲线，并说明该曲线能反映 OLED 的什么特点？

实验六　OLED 显示实验

【实验目的】

（1）熟悉 OLED 的特性。

（2）了解 OLED 屏的显示。

【实验内容】

OLED 显示实验。

【实验仪器】

（1）实验平台一台。

（2）OLED 模块一套。

（3）连接导线若干。

（4）USB 连接线一根。

【实验原理】

当电力供应至适当的电压时，阳极空穴与阴极电荷就会在发光层中结合，产生光亮，依其配方不同产生红、绿、蓝（RGB）三原色，构成基本色彩。OLED 的特性是自己发光，不像 TFT LCD 需要背光源，因此可视度和亮度均更高，其次是电压需求低且省电效率高，再加上反应快、重量轻、厚度薄等特点，使之成为 21 世纪显示产品的新趋势。

【注意事项】

（1）连线之前要保证电源关闭。

（2）严禁带电进行线和器件的插拔。

（3）严禁将任何电源对地短路。

【实验步骤】

（1）将 OLED 显示模块插入台体面板上任一模块区域,模块插拔时应垂直均匀用力,以免造成损坏,再将台体面板上电源接口一中的"+5 V""GND"与 OLED 显示模块上的"+5 V""GND"分别连接。

（2）实验接线,用2#台阶线按照如下要求连接:

OLED 显示单元的"GND"和"FG"	接	电源接口的"GND"
VDD	接	"+5 V"
VO	悬空	
/DC	接	P2.2
/WR	接	P2.1
/RD	接	P2.0
DB0 ~ DB7	依次接	P0.0 ~ P0.7
/CS	接	P2.4
/Reset	接	P2.3
NC1、NC2、NC3	悬空	

（3）打开实验箱电源开关,打开模块右侧的单元开关,按动模式切换按键,使系统工作处在模式一状态,此时对应模式显示的 LED 亮,观察实验现象;按动模式切换按键,使系统工作处在模式二状态,此时对应模式显示的 LED 亮,观察实验现象;按动模式切换按键,使系统工作处在模式三状态,此时对应模式显示的 LED 亮,观察实验现象;按动模式切换按键,使系统工作处在模式四状态,此时对应模式显示的 LED 亮,观察实验现象;按动模式切换按键,使系统工作处在模式五状态,此时对应模式显示的 LED 亮,观察实验现象;按动模式切换按键,使系统工作处在模式六状态,此时对应模式显示的 LED 亮,观察实验现象;按动模式切换按键,使系统工作处在模式七状态,此时对应模式显示的 LED 亮,观察实验现象。

（4）实验完毕后,关闭电源开关,整理好实验设备。

【思考题】

本实验模式切换前设置 OLED 显示全亮的目的是什么?

实验七　OLED显示设计实验

【实验目的】

（1）熟悉 OLED 显示方法。

（2）设计 OLED 屏显示新方式、新内容。

【实验内容】

OLED 显示设计实验。

【实验仪器】

（1）实验平台一台。

（2）电脑一台。

（3）OLED 模块一套。

（4）连接导线若干。

（5）USB 连接线一根。

【实验原理】

（1）通过修改程序中的对应部分，更改显示方式。程序中的对应部分如图9-7-1所示。

```
443    while(0<m<7)
444     {
445
446
447     switch(m)
448      {
449
450        case 1:                          //隔列点亮
451
452                      IT0=1;              //设置下降沿中断
453                      EX0=1;
454                      EA=1;
455
456                      u=0x01;            //模式指示
457                      v=0x00;
458                      w=0x00;
459
460                      fill(0xff,0x00);
461
462                      break;
463
464        case 2:                          //隔行点亮
465
466                      IT0=1;              //设置下降沿中断
467                      EX0=1;
468                      EA=1;
469
470                      u=0x00;            //模式指示
471                      v=0x01;
```

图 9-7-1　显示方式修改部分示意图

（2）通过修改程序中的对应部分，更改显示内容。程序中的对应部分如图 9-7-2 所示。

```
062  unsigned char code show[]=
063  {/*-- 宽度x 高度=128x64      */
064  0x00,0x00,0x00,0x00,0x00,0x00,0x00,0x80,0x00,0x00,0x00,0x00,0x80,0x00,0x00,0x00,
065  0x00,0x00,0x00,0x00,0x00,0x80,0x00,0x00,0x00,0x00,0x00,0x00,0x00,0x00,0x00,0x80,
066  0x00,0x00,0x00,0x00,0x80,0x00,0x00,0x00,0x00,0x00,0x00,0x00,0x00,0x00,0x00,0x00,
067  0x00,0x00,0x00,0x00,0x00,0x80,0x00,0x00,0x00,0x00,0x00,0x00,0x00,0x00,0x00,0x00,
068  0x00,0x00,0x00,0x00,0x00,0x80,0x00,0x00,0x00,0x00,0x00,0x00,0x00,0x00,0x00,0x00,
069  0x00,0x00,0x00,0x00,0x00,0x00,0x00,0x00,0x80,0x80,0x00,0x00,0x00,0x00,0x00,0x00,
070  0x00,0x00,0x80,0x00,0x00,0x00,0x00,0x00,0x00,0x00,0x00,0x80,0x80,0x00,0x00,0x00,
071  0x00,0x00,0x00,0x80,0x00,0x00,0x00,0x00,0x00,0x00,0x00,0x00,0x00,0x00,0x00,0x00,
072  0x00,0x00,0x00,0x00,0x00,0x00,0x08,0x30,0x83,0x60,0x08,0xC8,0x7F,0x48,0xC8,0x08,
073  0x00,0xFF,0x11,0x11,0xFF,0x01,0x00,0x00,0x00,0x00,0x10,0x10,0x10,0x10,0x10,0xFF,
074  0x00,0x00,0x00,0xFF,0x00,0x40,0x20,0x10,0x08,0x00,0x00,0x00,0x00,0x00,0x40,0x40,
075  0x20,0x20,0xD0,0x08,0x06,0x01,0x02,0x0C,0xC8,0x10,0x20,0x20,0x60,0x20,0x00,0x00,
076  0x00,0x00,0x04,0x04,0x04,0x04,0xC4,0x7F,0xC4,0x44,0x44,0x44,0xE4,0x44,0x06,0x04,
077  0x00,0x00,0x00,0x00,0x12,0x12,0x12,0xD1,0xFF,0x50,0x90,0x10,0x20,0xC2,0x0C,
078  0x00,0xFF,0x00,0x00,0x00,0x00,0x08,0x08,0x88,0xFF,0x48,0x48,0x00,0x00,
079  0x48,0xC8,0x48,0x7F,0x48,0x48,0xC8,0x4C,0x08,0x00,0x00,0x00,0x00,0x00,0x00,
080  0x00,0x00,0x00,0x00,0x00,0x04,0x7C,0x03,0x00,0x00,0x1F,0x08,0x48,0x2F,0x10,
081  0x0C,0x03,0x21,0x41,0x3F,0x00,0x00,0x00,0x00,0x10,0x10,0x08,0x08,0x04,0x04,0x7F,
082  0x00,0x0C,0x03,0x1F,0x00,0x20,0x20,0x20,0x20,0x3C,0x00,0x00,0x00,0x00,0x40,0x20,
083  0x00,0x0C,0x03,0x04,0x48,0x20,0x10,0x00,0x04,0x08,0x10,0x60,0x20,0x00,0x00,0x00,
084  0x00,0x40,0x20,0x10,0x48,0x46,0x41,0x20,0x21,0x16,0x08,0x16,0x21,0x20,0x40,0x40,
085  0x40,0x00,0x00,0x00,0x04,0x02,0x01,0x00,0x7F,0x00,0x01,0x04,0x04,0x04,0x02,
086  0x02,0x02,0x7F,0x01,0x01,0x00,0x00,0x01,0x21,0x40,0x3F,0x00,0x00,0x40,0x40,
087  0x20,0x21,0x16,0x08,0x14,0x13,0x20,0x60,0x20,0x00,0x00,0x00,0x00,0x00,0x00,
088  0x00,0x00,0x00,0x00,0x00,0x00,0x00,0x00,0x00,0x00,0x00,0x00,0x00,0x00,0x00,
089  0x00,0x00,0x00,0x00,0x00,0x00,0x00,0x00,0x00,0x00,0x00,0x00,0x00,0x00,0x00,
090  0x00,0x00,0x00,0x00,0x00,0x00,0x00,0x00,0x00,0x00,0x00,0x00,0x00,0x00,0x00,
091  0x00,0x00,0x00,0x00,0x00,0x00,0x00,0x00,0x00,0x00,0x00,0x00,0x00,0x00,0x00,
092  0x00,0x00,0x00,0x00,0x00,0x00,0x00,0x00,0x00,0x00,0x00,0x00,0x00,0x00,0x00,
093  0x00,0x00,0x00,0x00,0x00,0x00,0x00,0x00,0x00,0x00,0x00,0x00,0x00,0x00,0x00,
094  0x00,0x00,0x00,0x00,0x00,0x00,0x00,0x00,0x00,0x00,0x00,0x00,0x00,0x00,0x00,
095  0x00,0x00,0x00,0x00,0x00,0x00,0x00,0x00,0x00,0x00,0x00,0x00,0x00,0x00,0x00,
096  0x00,0x00,0x00,0x00,0x00,0x00,0x00,0x00,0x00,0x00,0x0C,0x00,0xFC,0x04,0x0C,0x00,
097  0x00,0x00,0xC0,0xA0,0xA0,0xC0,0x00,0x00,0x04,0x04,0xFC,0x00,0x00,0x00,0x00,0x10,
098  0x00,0x00,0x00,0xF8,0x04,0x04,0x04,0xF8,0x00,0x00,0x18,0x84,0x44,0x24,0x18,0x00,
099  0x00,0x0C,0x00,0x04,0xE4,0x1C,0x04,0x00,0x20,0x20,0x20,0x00,0x00,0x3C,0x24,0x24,
100  0x24,0xC4,0x04,0x00,0x38,0x44,0x44,0x44,0xF8,0x00,0x00,0xF8,0x04,0x04,0x04,
101  0xF8,0x00,0xF8,0x24,0x24,0x24,0xF8,0x00,0x00,0x04,0x00,0x0C,0x04,0xE4,0x1C,0x04,0x00,
102  0x00,0xF8,0x24,0x24,0x24,0xC8,0x00,0x00,0xF8,0x24,0x24,0x24,0xC8,0x00,
103  0xF8,0x24,0x24,0x24,0xC8,0x00,0x00,0x00,0x00,0xF8,0x24,0x24,0x24,0xC8,0x00,
104  0x00,0x00,0x00,0x00,0x00,0x00,0x00,0x00,0x00,0x00,0x00,0x00,0x02,0x03,0x02,0x00,0x00,
```

图 9-7-2　显示内容修改部分示意图

【注意事项】

（1）连线之前要保证电源关闭。

（2）严禁带电进行线和器件的插拔。

（3）严禁将任何电源对地短路。

【实验步骤】

（1）将 OLED 显示模块竖直插入箱体面板上任一模块区域，模块插拔时应垂直均匀用力，以免造成损坏，再将箱体面板上电源接口一中的"＋5 V""GND"与 OLED 显示模块上的"＋5 V""GND"分别连接。

（2）实验接线，用2#台阶线按照如下要求连接：

OLED 显示单元的"GND"和"FG"	接	电源接口的"GND"
VDD	接	" + 5 V"
VO	悬空	
/DC	接	P2. 2
/WR	接	P2. 1
/RD	接	P2. 0
DB0 ~ DB7	依次接	P0. 0 ~ P0. 7
/CS	接	P2. 4
/Reset	接	P2. 3
NC1、NC2、NC3	悬空	

（3）参考第二章实验一实验原理的第 3、4 中汉字字库的点阵提取程序用法来修改程序。

（4）将编译通过后产生的机器代码烧录到单片机,观察显示内容。

【思考题】

本实验中断服务程序中延时的作用是什么?

第 十 章

LCD 特性测试及显示应用实验

（一）概述

液晶显示器(liquid crystal display，LCD)，又称液晶显示。LCD 的构造是在两片平行的玻璃基板当中放置液晶盒，通过控制上下基板的光电信号实现液晶显示。

1. LCD 的技术参数

LCD 的主要技术参数包括对比度、亮度、信号响应时间、可视角度等。

（1）对比度

对比度很重要，是选取液晶的一个比亮度更重要的指标。对一般用户而言，对比度能够达到 350∶1 就足够了。在 LCD 专业领域，不同的应用需求对于对比度的要求也不同。

（2）亮度

亮度也是一个比较重要的指标，亮度高的液晶让人从远处一看，就能从一排液晶墙中立即选出。

（3）信号响应时间

响应时间指的是液晶显示器对于输入信号的反应速度，也就是液晶由暗转亮或由亮转暗的反应时间（亮度从 10% 到 90% 或从 90% 到 10% 的时间），通常是以毫秒(ms)为单位。这还要从人眼对动态图像的感知谈起。人眼存在"视觉暂留"的现象，高速运动的画面在人脑中会留下短暂的印象。动画片、电影及现在最新的游戏正是应用了视觉暂留的原理，让一系列渐变的图像在人眼前快速地连续显示，形成动态的影像。人能够接受的画面显示速度一般为每秒 24 张，这也是电影每秒 24 帧播放速度的由来，如果显示速度低于这一标准，人就会明显感到画面的停顿。按照这一指标，每张画面显示的时间需要小于 40 ms。这样，对于液晶显示器来说，响应时间 40 ms 就成了一道坎，高于 40 ms 的显示器便会出现明显的画面闪烁现象，让人感觉眼花。要是想让图像画面达到不闪的程度，则最好要达到每秒 60 帧的速度。

（4）可视角度

当背光源通过偏极片、液晶和取向层之后，输出的光线便具有了方向性。也就是说，大多数光都是从屏幕中垂直射出来的，所以从某一个较大的角度观看液晶显示器时，便不能看到原本的颜色,甚至只能看到全白或全黑。为了解决这个问题,制造厂商也着手开发广角技术,到目前为止,有 TN + FILM、IPS 和 MVA 三种比较流行的技术。

TN + FILM 技术是在原有的基础上增加了一层广视角补偿膜。这层补偿膜可以将可视角度增加到150°左右,是一种简单易行的方法,在液晶显示器中应用广泛。不过这种技术并不能改善对比度和响应时间等性能,也许对厂商而言,TN + FILM 并不是最佳的解决方案,但它的确是最廉价的解决方法,所以大多数中国台湾厂商都用这种方法打造 15 寸液晶显示器。

IPS(in plane switching,板内切换)技术,可以让上下左右可视角度达到170°。IPS 技术虽然增大了可视角度,但采用两个电极驱动液晶分子需要消耗更多的电量,这会让液晶显示器的功耗增大。此外,这种方式驱动液晶分子的响应时间比较长。

MVA(multi-domain vertical alignment,多区域垂直排列)技术,原理是增加突出物来形成多个可视区域。液晶分子在静态的时候并不是完全垂直排列的,在施加电压后液晶分子呈水平排列,这样光便可以通过各层。MVA 技术将可视角度提高到160°以上,并且提供比 IPS 和 TN + FILM 更短的响应时间。

2. LCD 的分类

液晶显示器按照控制方式不同可分为被动矩阵式 LCD 及主动矩阵式 LCD 两种。

(1) 被动矩阵式 LCD

被动矩阵式 LCD 在亮度及可视角度方面受到较大的限制,反应速度也较慢。画面质量方面的问题不利于这种显示设备发展为桌面型显示器,但由于成本低廉等因素,市场上仍有部分显示器采用这种被动矩阵式 LCD。被动矩阵式 LCD 又可分为 TN - LCD(twisted nematic - LCD,扭曲向列 LCD)、STN - LCD(super TN - LCD,超扭曲向列 LCD)和 DSTN - LCD(double layer STN - LCD,双层超扭曲向列 LCD)。

TN - LCD、STN - LCD 和 DSTN - LCD 之间的显示原理基本相同,不同之处是液晶分子的扭曲角度有些差别。在厚度不到 1 cm 的 TN - LCD 液晶显示屏面板中,通常是由两片大玻璃基板,内夹彩色滤光片、配向膜等制成的夹板,外面包裹着两片偏光板,它们可决定光通量的最大值与颜色的产生。彩色滤光片是由红、绿、蓝三种颜色构成的滤片,它们有规律地制作在一块大玻璃基板上。每一个像素是由三种颜色的单元(或称为子像素)组成。假如有一块面板的分辨率为 1 280 × 1 024,则它实际拥有 3 840 × 1 024 个晶体管及子像素。每个子像素的左上角(灰色矩形)为不透光的薄膜晶体管,彩色滤光片能产生红、绿、蓝(RGB)三原色。每个夹层都包含电极和配向膜上形成的沟槽,上下夹层中填充了多层液晶分子。在同一层内,液晶分子的位置虽不规则,但长轴取向都是平行于偏光板的。另外,在不同层之间,液晶分子的长轴沿偏光板平行平面连续扭转90°。其中,邻接偏光板的两层液晶分子长轴的取向,与所邻接的偏光板的偏振方向一致。接近上部夹层的液晶分子按照上部沟槽的方向来排列,而接近下部夹层的液晶分子按照下部沟槽的方向排列。最后再封装成一个液晶盒,并与驱动 IC、控制 IC 及印刷电路板相连接。

在正常情况下,光线从上向下照射时,通常只有一个角度的光线能够穿透下来,通过上偏光板导入上部夹层的沟槽中,再通过液晶分子扭转排列的通路从下偏光板穿出,形成一个完整的光线穿透途径。而液晶显示器的夹层贴附了两块偏光板,这两块偏光板的排列和透光角度与上下夹层的沟槽排列相同。当液晶层施加某一电压时,由于受到外界电压的影响,液晶会改变它的初始状态,不再按照正常的方式排列,而变成竖立的状态。因此,经过液晶的光会被第二层偏光板吸收而使得整个结构呈现不透光的状态,结果在显示屏上出现黑色。当液晶层不施加任何电压时,液晶处于它的初始状态,并会把入射光的方向扭转90°,因此背光源的入射光能够通过整个结构,结果在显示屏上出现白色。为了达到在面板上的每一个独立像素都能产生想要的色彩,必须使用多个冷阴极灯管来当作显示器的背光源。

（2）主动矩阵式 LCD

目前应用比较广泛的主动矩阵式 LCD,也称 TFT – LCD(thin film transistor – LCD,薄膜晶体管 LCD)。TFT 液晶显示器是在画面中的每个像素内建立晶体管,可使其亮度更明亮、色彩更丰富、可视面积更宽广。与 CRT 显示器相比,LCD 显示器的平面显示技术体现为较少的零件、占据较少的桌面及耗电量较小。

TFT – LCD 液晶显示器的结构与 TN – LCD 液晶显示器基本相同,只不过将 TN – LCD 上夹层的电极改为 FET 晶体管,下夹层改为共通电极。

TFT – LCD 液晶显示器的工作原理与 TN – LCD 却有许多不同之处。TFT – LCD 液晶显示器的显像原理是采用“背透式”照射方式。当光源照射时,先通过下偏光板向上透出,借助液晶分子来传导光线。由于上下夹层的电极改成 FET 晶体管和共通电极,在 FET 电极导通时,液晶分子的排列状态同样会发生改变,也通过遮光和透光来达到显示的目的。但不同的是,FET 晶体管由于具有电容效应,能够保持电位状态,先前透光的液晶分子会一直保持这种状态,直到 FET 电极下一次再上电改变其排列方式为止。

（3）LCD 的结构

TN、HTN、STN 的结构如图 10-0-1 所示。

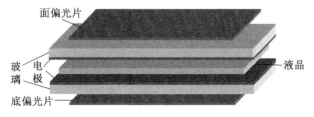

图 10-0-1　TN、HTN、STN 的结构图

FSTN、ECB-Multi-Color STN 的结构如图 10-0-2 所示。

图 10-0-2　FSTN、ECB-Multi-Color STN 的结构图

Color STN 的结构如图 10-0-3 所示。

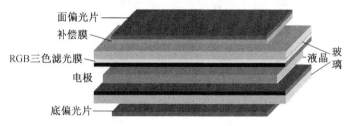

图 10-0-3　Color STN 的结构图

（二）相关术语

LCD：liquid crystal display，液晶显示。

LCM：liquid crystal module，液晶模块。

TN：twisted nematic，扭曲向列，液晶分子的扭曲取向偏转 90°。

STN：super twisted nematic，超级扭曲向列，为 180°~270°扭曲向列。

FSTN：formulated super twisted nematic，格式化超级扭曲向列。

TFT：thin film transistor，薄膜晶体管。

COB：chip on board，通过绑定将裸芯片固定于印刷线路板上。

COF：chip on FPC，将芯片固定于柔性线路板上。

COG：chip on glass，将芯片固定于玻璃板上。

Backlight：背光。

DPI：dot per inch，点每英寸。

实验一　液晶通光阻光实验

【实验目的】

了解液晶的通光阻光现象。

【实验内容】

（1）液晶静态电压阻光实验。

（2）液晶通光阻光实验。

【实验仪器】

（1）实验平台一台。

（2）LCD 特性测试及应用模块（一）及 LCD（PCB 副板）一套。

（3）万用表一个。

（4）连接导线若干。

【实验原理】

液晶的种类很多，仅以常用的 TN（扭曲向列）型液晶为例说明其工作原理。

TN 型光开关的结构如图 10-1-1 所示。在两块玻璃板之间夹有正性向列相液晶，液晶分子的形状如同火柴一样，为棍状。棍的长度为十几 Å（1 Å = 10^{-10}m），直径为 4 ~ 6 Å，液晶层厚度一般为 5 ~ 8 μm。玻璃板的内表面涂有透明电极，电极的表面预先做了定向处理（可用软绒布朝一个方向摩擦，这样，液晶分子在透明电极表面就会躺倒在摩擦所形成的微型沟槽里；也可在电极表面涂取向剂），使电极表面的液晶分子按一定方向排列，且上下电极上的定向方向相互垂直。上下电极之间的液晶分子因范德瓦耳斯力的作用，趋向于平行排列。然而，由于上下电极上液晶的定向方向相互垂直，所以俯视时，液晶分子的排列从上电极的沿 −45°方向排列逐步地、均匀地扭曲到下电极的沿 +45°方向排列，整体扭曲了 90°。

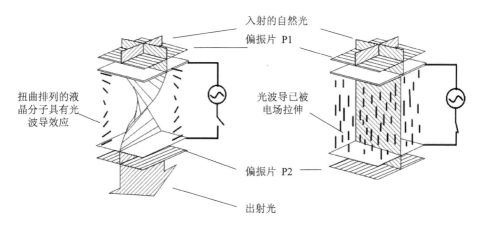

入射的自然光
偏振片 P1
扭曲排列的液晶分子具有光波导效应
光波导已被电场拉伸
偏振片 P2
出射光

图 10-1-1　TN 型光开关结构

理论和实验都证明，上述均匀扭曲排列起来的结构具有光波导性质，即偏振光从上电极表面透过扭曲排列起来的液晶传播到下电极表面时，偏振方向会旋转 90°。

取两张偏振片 P1、P2 贴在玻璃的两面，P1 的透光轴与上电极的定向方向相同，P2 的透光轴与下电极的定向方向相同，于是 P1 和 P2 的透光轴相互正交。

在未加驱动电压的情况下，来自光源的自然光经过偏振片 P1 后只剩下平行于透光轴的线偏振光,该线偏振光到达输出面时,其偏振面旋转了90°。这时光的偏振面与 P2 的透光轴平行,因而有光通过。

在施加足够电压的情况下(一般为 1 ~ 2 V),在静电场的吸引下,除了基片附近的液晶分子被基片"锚定"以外,其他液晶分子趋向平行于电场方向排列。于是原来的扭曲结构被破坏,成了均匀结构,如图 10-1-1 右图所示。从 P1 透射出来的偏振光的偏振方向在液晶中传播时不再旋转,保持原来的偏振方向到达下电极。这时光的偏振方向与 P2 正交,因而光被关断。

由于上述光开关是在没有电场的情况下让光透过(若加上电场则光被关断),因此被称为常通型光开关,又称为常白模式。若 P1 和 P2 的透光轴相互平行,则构成常黑模式。

【注意事项】

(1)实验过程中严禁短路现象的发生。

(2)实验过程中避免液晶长时间加压。

(3)实验结束后断开连线及电源,清理实验设备。

【实验步骤】

1. 液晶静态电压阻光实验

接线方式如下:

台体 +5 V 电源的" +5 V""GND2"	接	模块(一)的" +5 V(J1)""GND(J2)"
LCD(副 PCB 上)的" +"" –"	接	模块(一)的"LCD +""LCD –"
模块(一)的"LCD +""LCD –"	接	模块(一)的" +5 V(J1)""GND(J2)"

打开电源开光(POWER),观察液晶的现象。实验结束后断开连线及电源,清理实验设备。

2. 液晶通光阻光实验

(1)严格按照光路接线,接线方式如下:

台体 +5 V 电源的" +5 V""GND2"	接	模块(一)的" +5 V(J1)""GND(J2)"
LCD(副 PCB 上)的" +"" –"	接	模块(一)的"LCD +""LCD –"
模块(一)的"LCD +""LCD –"	接	模块(一)脉冲调制单元的"OUT""GND(J20)"
脉冲调制单元的"VCC""GND(J19)"	接	模块(一)的" +5 V""GND(J2)"
脉冲调制单元的"0 ~ 30 V 输入"	接	0 ~ 30 V 可调电源的" +"
脉冲调制单元的"GND(J19)"	接	0 ~ 30 V 可调电源的" –"

(2)缓慢调节脉冲调制单元的"输出调节"和 0 ~ 30 V 可调电源(通电前要将旋钮逆时针旋到底,使电压输出最小,注意调节过程中 0 ~ 30 V 可调电源的电压不要超过 5 V),观察实验现象。

【思考题】

实验中,0～30 V可调电源在调节时液晶有什么变化？为什么?

实验二 阈值电压、关断电压测量实验

【实验目的】

(1)了解阈值电压、关断电压的概念。

(2)掌握阈值电压、关断电压的测量方法。

【实验内容】

阈值电压、关断电压的测量实验。

【实验仪器】

(1)实验平台一台。

(2)LCD特性测试及应用模块(一)及LCD(PCB副板)一套。

(3)万用表一个。

(4)连接导线若干。

【实验原理】

(1)参考本章实验一的实验原理。

(2)阈值电压:透过率为90%时的供电电压。

(3)关断电压:透过率为10%时的供电电压。

【注意事项】

(1)实验过程中严禁短路现象的发生。

(2)调节旋钮时应均匀、缓慢用力。

(3)实验前,先调整好实验设备。调整原则是:光路的中心保持在同一直线上,且与LCD(副PCB上)面垂直。

【实验步骤】

(1)调整好实验设备,接线方式如下:

LCD(副 PCB 上)的"+""-"	接	模块(一)的"LCD+""LCD-"
模块(一)的"LCD+""LCD-"	接	台体 0~30 V 可调电源的"红""黑"

（2）将 0~30 V 可调电源接至 LCD(副 PCB 上)的"+""-"(注意正负对应)。通电前要将旋钮逆时针旋到底,使电压输出最小,注意调节过程中电压不要超过 5 V。

（3）照度计调零后,将发射端的 LED 光源套筒对应接至输出调节单元;将 +5 V 直流电源接至电源接口;将接收端硅光电池套筒接至台体照度计(或仪表模块照度计)。具体接线方式如下：

台体 +5 V 直流电源的"+5 V"	接	模块(一)电源接口的"+5 V"
台体 +5 V 直流电源的"GND2"	接	模块(一)电源接口的"GND"
发射端 LED 光源套筒"红"	接	输出调节单元的"输出 1"、光源的"输入 1"
发射端 LED 光源套筒"绿"	接	输出调节单元的"输出 2"、光源的"输入 2"
发射端 LED 光源套筒"蓝"	接	输出调节单元的"输出 3"、光源的"输入 3"
发射端 LED 光源套筒"黑"	接	电源接口的"GND"、光源的"GND"
接收端硅光电池套筒"红"	接	模块(一)的"PD+"
接收端硅光电池套筒"黑"	接	模块(一)的"PD-"
模块(一)的"OUT+"	接	照度计的"红"
模块(一)的"OUT-"	接	照度计的"黑"

（4）打开电源,将输出调节单元的三个旋钮调至最大,将 0~30 V 可调电源调至 0 V,记录照度值 L_1。

（5）顺时针缓慢调节 0~30 V 可调电源至照度值不发生变化(或变化微小),记录照度值 L_2。

（6）缓慢调节 0~30 V 可调电源至照度值 $L_3 = L_2 + 9(L_1 - L_2)/10$,测得 LCD(副 PCB 上)两端的电压 U_1,即为阈值电压。

（7）缓慢调节 0~30 V 可调电源至照度值 $L_3 = L_2 + (L_1 - L_2)/10$,测得 LCD(副 PCB 上)两端的电压 U_2,即为关断电压。

【思考题】

阈值电压和关断电压有何异同?

实验三　LCD 饱和电压测量实验

【实验目的】

（1）了解 LCD 饱和电压。

（2）掌握 LCD 饱和电压的测量。

【实验内容】

LCD 饱和电压测量实验。

【实验仪器】

（1）实验平台一台。

（2）LCD 特性测试及应用模块（一）及 LCD（PCB 副板）一套。

（3）万用表一个。

（4）连接导线若干。

【实验原理】

（1）参考本章实验一的实验原理。

（2）饱和电压测量方法：通过绘制液晶光电特性曲线确定饱和电压。

【注意事项】

（1）实验过程中严禁短路现象的发生。

（2）调节旋钮时应均匀、缓慢用力。

（3）实验前，先调整好实验设备。调整原则是：光路的中心保持在同一直线上，且与 LCD（副 PCB 上）面垂直。

【实验步骤】

（1）调整好实验设备，接线方式如下表：

LCD（副 PCB 上）的" + "" − "	接	模块（一）的"LCD + ""LCD − "
模块（一）的"LCD + ""LCD − "	接	台体 0 ~ 30 V 可调电源的"红""黑"

（2）将 0 ~ 30 V 可调电源接至 LCD（副 PCB 上）的" + "" − "（注意正负对应）。通电前要将旋钮逆时针旋到底，使电压输出最小，注意调节过程中 0 ~ 30 V 可调电源的电压不要超过 5 V。

（3）照度计调零后，将发射端的 LED 光源套筒对应接至输出调节单元；将 +5 V 直流电源接至电源接口；将接收端硅光电池套筒接至台体照度计（或仪表模块照度计）。具体接线方式如下：

台体 +5 V 直流电源的"+5 V"	接	模块（一）电源接口的"+5 V"
台体 +5 V 直流电源的"GND2"	接	模块（一）电源接口的"GND"
发射端 LED 光源套筒"红"	接	输出调节单元的"输出 1"、光源的"输入 1"
发射端 LED 光源套筒"绿"	接	输出调节单元的"输出 2"、光源的"输入 2"
发射端 LED 光源套筒"蓝"	接	输出调节单元的"输出 3"、光源的"输入 3"
发射端 LED 光源套筒"黑"	接	电源接口的"GND"、光源的"GND"
接收端硅光电池套筒"红"	接	模块（一）的"PD +"
接收端硅光电池套筒"黑"	接	模块（一）的"PD –"
模块（一）的"OUT +"	接	照度计的"红"
模块（一）的"OUT –"	接	照度计的"黑"

（4）打开电源，将输出调节单元的三个旋钮调至最大，0~30 V 可调电源调至表 10-3-1 中对应的数据，并将对应的照度计读数填在表中。

表 10-3-1　实验数据

LCD 电压/V	0.1	0.2	0.3	0.4	0.5	0.6	0.7	0.8	0.9	1.0
光照度/lx										
LCD 电压/V	1.1	1.2	1.3	1.4	1.5	1.6	1.7	1.8	1.9	2.0
光照度/lx										
LCD 电压/V	2.1	2.2	2.3	2.4	2.5	2.6	2.7	2.8	2.9	3.0
光照度/lx										
LCD 电压/V	3.1	3.2	3.3	3.4	3.5	3.6	3.7	3.8	3.9	4.0
光照度/lx										

（5）光照度趋向值对应的电压 U 即为 LCD 饱和电压。

【思考题】

如何确定 LCD 的饱和电压？

实验四　LCD 电光特性测量及曲线绘制实验

【实验目的】

（1）掌握 LCD 电压—透过率特性测量。

（2）掌握 LCD 对不同波长光线透过率的测量。

【实验内容】

（1）LCD 电压—透过率特性测量实验。

（2）LCD 对不同波长光线透过率的测量实验。

【实验仪器】

（1）实验平台一台。

（2）LCD 特性测试及应用模块（一）及 LCD（PCB 副板）一套。

（3）万用表一个。

（4）连接导线若干。

【实验原理】

（1）参考本章实验一的实验原理。

（2）对 LCD 加压，则 LCD 透过率发生变化，从而影响照度计的测量值。

（3）透过率 $T_n = (L_n - L_b)/(L_0 - L_b) \times 100\%$，其中 T_n 为透过率，L_n 为光照度，L_0 为当透过率为 100%，也即 LCD 电压 $U_0 = 0$（$n = 0$）时照度计的读数，L_b 为当 LCD（副 PCB 上）接饱和电压时，也即 $U_n = U_b$（U_b 为饱和电压）时照度计的读数。

【注意事项】

（1）实验过程中严禁短路现象的发生。

（2）调节旋钮时应均匀、缓慢用力。

（3）实验前，先调整好实验设备。调整原则是：光路的中心保持在同一直线上，且与 LCD（副 PCB 上）面垂直。

【实验步骤】

（1）调整好实验设备，接线方式如下：

LCD（副 PCB 上）的"＋""－"	接	模块（一）的"LCD＋""LCD－"
模块（一）的"LCD＋""LCD－"	接	台体 0～30 V 可调电源的"红""黑"

（2）将 0～30 V 可调电源接至 LCD（副 PCB 上）的"＋""－"（注意正负对应）。通电前要将旋钮逆时针旋到底，使电压输出最小，注意调节过程中 0～30 V 可调电源的电压不要超过 5 V。

（3）照度计调零后，将发射端的 LED 光源套筒对应接至输出调节单元；将＋5 V 直流电源接至电源接口；将接收端硅光电池套筒接至台体照度计（或仪表模块照度计）。具体接线方式如下：

153

台体 +5 V 直流电源的" +5 V"	接	模块(一)电源接口的" +5 V"
台体 +5 V 直流电源的"GND2"	接	模块(一)电源接口的"GND"
发射端 LED 光源套筒"红"	接	输出调节单元的"输出 1"、光源的"输入 1"
发射端 LED 光源套筒"绿"	接	输出调节单元的"输出 2"、光源的"输入 2"
发射端 LED 光源套筒"蓝"	接	输出调节单元的"输出 3"、光源的"输入 3"
发射端 LED 光源套筒"黑"	接	电源接口的"GND"、光源的"GND"
接收端硅光电池套筒"红"	接	模块(一)的"PD +"
接收端硅光电池套筒"黑"	接	模块(一)的"PD –"
模块(一)的"OUT +"	接	照度计的"红"
模块(一)的"OUT –"	接	照度计的"黑"

（4）打开电源，将输出调节单元的三个旋钮调至最大，0～30 V 可调电源调至表 10-4-1 中对应的数据，并将对应的照度计读数 L_n 和透过率 T_n 填入表中。

表 10-4-1　实验数据

LCD 电压 U_n/V	$U_0 = 0$	$U_1 = 0.1$	$U_2 = 0.2$	⋯	$U_n = 0.1n$	⋯	饱和电压 $U_b =$
光照度 L_n/lx	$L_0 =$	$L_1 =$	$L_2 =$	⋯	$L_n = 0.1n$	⋯	$L_b =$
透过率 T_n/%	$T_0 =$	$T_1 =$	$T_2 =$	⋯	$T_n =$	⋯	$T_b =$

（5）根据上表中的数据，绘制 LCD 电压—透过率特性曲线。

（6）改变光源波长（红、绿、蓝），用同样的方法，绘制 LCD 对不同波长光线（红、绿、蓝）的电压—透过率特性曲线。

【思考题】

（1）尝试用激光器作为光源，完成 LCD 电压—透过率特性测量实验，并绘制相关曲线。

（2）尝试用激光器作为光源，移动被测 LCD，完成在 LCD 不同点处电压—透过率特性测量实验，并绘制相关曲线。

实验五　LCD 对比度测量实验

【实验目的】

了解对比度的概念。

【实验内容】

LCD 对比度测量实验。

【实验仪器】

（1）实验平台一台。

（2）LCD 特性测试及应用模块（一）及 LCD（PCB 副板）一套。

（3）万用表一个。

（4）连接导线若干。

【实验原理】

（1）严格来说，对比度指的是屏幕上同一点最亮时（白色）与最暗时（黑色）的亮度比值。不过通常产品的对比度指标是就整个屏幕而言的，例如一个屏幕在全白屏状态时亮度为 500 cd/m²，全黑屏状态时亮度为 0.5 cd/m²，那么这个屏幕的对比度就是 1 000∶1。

（2）本实验为概念型设计实验，旨在让学生了解对比度的概念。LCD 出厂时，最大亮度和最小亮度都已确定，即最大对比度为定值。本实验参考本章实验四，将 LCD（副 PCB 上）紧贴接收套筒，测量一个较小的照度值 L_n，对应的 LCD（副 PCB 上）电压为 U_n，则 LCD 对比度为 $C = L_0/L_n$。

【注意事项】

（1）实验过程中严禁短路现象的发生。

（2）调节旋钮时应均匀、缓慢用力。

（3）实验前，先调整好实验设备。调整原则是：光路的中心保持在同一直线上，且与 LCD（副 PCB 上）面垂直。

【实验步骤】

（1）调整好实验设备，接线方式如下：

LCD(副 PCB 上)的"+""-"	接	模块(一)的"LCD+""LCD-"
模块(一)的"LCD+""LCD-"	接	台体 0~30 V 可调电源的"红""黑"

（2）将 0~30 V 可调电源接至 LCD(副 PCB 上)的"+""-"(注意正负对应)。通电前要将旋钮逆时针旋到底,使电压输出最小,注意调节过程中 0~30 V 可调电源的电压不要超过 5 V。

（3）照度计调零后,将发射端的 LED 光源套筒对应接至输出调节单元;将+5 V 直流电源接至电源接口;将接收端硅光电池套筒接至台体照度计(或仪表模块照度计)。具体接线方式如下:

台体+5 V 直流电源的"+5 V"	接	模块(一)电源接口的"+5 V"
台体+5 V 直流电源的"GND2"	接	模块(一)电源接口的"GND"
发射端 LED 光源套筒"红"	接	输出调节单元的"输出 1"、光源的"输入 1"
发射端 LED 光源套筒"绿"	接	输出调节单元的"输出 2"、光源的"输入 2"
发射端 LED 光源套筒"蓝"	接	输出调节单元的"输出 3"、光源的"输入 3"
发射端 LED 光源套筒"黑"	接	电源接口的"GND"、光源的"GND"
接收端硅光电池套筒"红"	接	模块(一)的"PD+"
接收端硅光电池套筒"黑"	接	模块(一)的"PD-"
模块(一)的"OUT+"	接	照度计的"红"
模块(一)的"OUT-"	接	照度计的"黑"

（4）打开电源,将输出调节单元的三个旋钮调至最大。

（5）将 LCD(副 PCB 上)紧贴接收套筒。

（6）记录 LCD(副 PCB 上)加压为 0(即 0~30 V 可调电源电压为 0)时的照度计读数 L_0。

（7）调节 0~30 V 可调电源的电压,测量一个较小的照度值 L_n,则 L_n 对应的对比度为 $C = L_0/L_n$。

【思考题】

解释 LCD 对比度的概念。

实验六　LCD 陡度测量实验

【实验目的】

了解 LCD 陡度的概念。

【实验内容】

LCD 陡度测量实验。

【实验仪器】

（1）实验平台一台。

（2）LCD 特性测试及应用模块（一）及 LCD（PCB 副板）一套。

（3）万用表一个。

（4）连接导线若干。

【实验原理】

陡度 β 为静态驱动 LCD 时，阈值电压与饱和电压的比值。

【注意事项】

（1）实验过程中严禁短路现象的发生。

（2）调节旋钮时应均匀、缓慢用力。

（3）实验前，先调整好实验设备。调整原则是：光路的中心保持在同一直线上，且与 LCD（副 PCB 上）面垂直。

【实验步骤】

（1）按照实验二和实验三的实验步骤进行实验。

（2）记录阈值电压 U_1 和饱和电压 U_2。

（3）陡度 $\beta = U_1/U_2$。

【思考题】

解释 LCD 陡度的概念。

实验七　LCD 响应时间测量实验

【实验目的】

掌握液晶响应时间的测量方法。

【实验内容】

LCD 响应时间测量实验。

【实验仪器】

（1）实验平台一台。

（2）LCD 特性测试及应用模块（一）及 LCD（PCB 副板）一套。

（3）万用表一个。

（4）示波器一个。

（5）电子器件模块（一）一块。

（6）连接导线若干。

【实验原理】

本实验的原理是通过 555 调制单元调节加在 LCD（副 PCB 上）上信号频率的大小，用示波器观察光电特性曲线，记录时间 $T = T_1 - T_2$，此即为液晶响应时间，如图 10-7-1 所示。

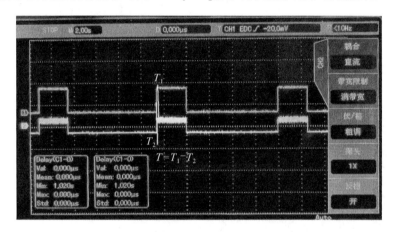

图 10-7-1　LCD 响应时间参考波形图

【注意事项】

（1）实验过程中严禁短路现象的发生。

（2）调节旋钮时应均匀、缓慢用力。

（3）实验前，先调整好实验设备。调整原则是：光路的中心保持在同一直线上，且与 LCD（副 PCB 上）面垂直。

【实验步骤】

本实验也可采用 LD 作为光源。

（1）调整好实验设备。

（2）照度计调零后，将发射端的 LED 光源套筒对应接至输出调节单元；将 +5 V 直流电源接至电源接口；将接收端硅光电池套筒接至台体照度计（或仪表模块照度计）。

LED 光源接线:将输出调节单元的三个旋钮顺时针调节到最大,使得 LED 套筒亮度最大,具体接线方式如下:

发射端 LED 光源套筒"红"	接	输出调节单元的"输出 1"、光源的"输入 1"
发射端 LED 光源套筒"绿"	接	输出调节单元的"输出 2"、光源的"输入 2"
发射端 LED 光源套筒"蓝"	接	输出调节单元的"输出 3"、光源的"输入 3"
发射端 LED 光源套筒"黑"	接	电源接口的"GND"、光源的"GND"

LD 光源接线:直接使用适配器供电,具体接线方式如下:

台体 +5 V 直流电源的" +5 V"	接	模块(一)电源接口的" +5 V"、1 MΩ 电阻的"一端"
台体 +5 V 直流电源的"GND2"	接	模块(一)电源接口的"GND"
接收端硅光电池套筒"黑"	接	1 MΩ 电阻的"另一端"
接收端硅光电池套筒"红"	接	模块(一)电源接口的"GND"
接收端硅光电池套筒"黑"	接	模块(一)的"PD +"
接收端硅光电池套筒"红"	接	模块(一)的"PD –"
脉冲调制单元的"VCC"	接	电源接口的" +5 V"
脉冲调制单元的"0~30 V 输入"	接	0~30 V 可调电源的"红"
0~30 V 可调电源的"黑"	接	电源接口的"GND"
脉冲调制单元的"OUT"、LCD (副 PCB 上)的" +"	接	液晶盒的"LCD +"
脉冲调制单元的"GND"、LCD (副 PCB 上)的" –"	接	液晶盒的"LCD –"

(3)用示波器两个探头分别测量液晶盒两端(T_1、T_2)的信号和接收套筒输出(T_3、T_4)信号。

(4)开启电源,缓慢调节脉冲调制单元的调节旋钮,使得示波器上的波形趋近于图 10-7-1 中的波形图,测量并读出 LCD 的响应时间 T。

【思考题】

如何测量液晶的响应速度?

实验八 LCD 视角测量实验

【实验目的】

(1)了解 LCD 视角的概念。

（2）掌握 LCD 视角的测量方法。

【实验内容】

LCD 双轴连续视角测量实验。

【实验仪器】

（1）实验平台一台。

（2）LCD 特性测试及应用模块（一）及 LCD（PCB 副板）一套。

（3）万用表一个。

（4）连接导线若干。

【实验原理】

（1）通常液晶显示器的可视角度左右对称,而上下不一定对称,表现出的现象是从不同角度看到的液晶显示器亮度等参数不一致。

（2）本实验通过水平和垂直两个方向旋转液晶的角度,测量对应照度值,分析照度值数据来获取 LCD 可视角信息。

【注意事项】

（1）实验过程中严禁短路现象的发生。

（2）调节旋钮时应均匀、缓慢用力。

（3）实验前,先调整好实验设备。调整原则是:光路的中心保持在同一直线上,且与 LCD（副 PCB 上）面垂直。

【实验步骤】

（1）调整好实验设备,接线方式如下:

LCD（副 PCB 上）的“ + ”“ – ”	接	模块（一）的“LCD + ”“LCD – ”
模块（一）的“LCD + ”“LCD – ”	接	台体 0 ~ 30 V 的“红”“黑”

（2）将 0 ~ 30 V 可调电源接至 LCD（副 PCB 上）的“ + ”“ – ”（注意正负对应）。通电前要将旋钮逆时针扭到底,使电压输出最小,注意调节过程中 0 ~ 30 V 可调电源的电压不要超过 5 V。

（3）照度计调零后,将发射端的 LED 光源套筒对应接至输出调节单元;将 +5 V 直流电源接至电源接口;将接收端硅光电池套筒接至台体照度计（或仪表模块照度计）。具体接线方式如下:

台体 +5 V 直流电源的" +5 V"	接	模块(一)电源接口的" +5 V"
台体 +5 V 直流电源的"GND2"	接	模块(一)电源接口的"GND"
发射端 LED 光源套筒"红"	接	输出调节单元的"输出 1"、光源的"输入 1"
发射端 LED 光源套筒"绿"	接	输出调节单元的"输出 2"、光源的"输入 2"
发射端 LED 光源套筒"蓝"	接	输出调节单元的"输出 3"、光源的"输入 3"
发射端 LED 光源套筒"黑"	接	电源接口的"GND"、光源的"GND"
接收端硅光电池套筒"红"	接	模块(一)的"PD +"
接收端硅光电池套筒"黑"	接	模块(一)的"PD −"
模块(一)的"OUT +"	接	照度计"红"
模块(一)的"OUT −"	接	照度计"黑"

（4）将输出调节单元的三个旋钮顺时针调节到最大,使得 LED 套筒亮度最大。

（5）调节 LCD（副 PCB 上）角度,并将水平和垂直方向上的视角照度值分别填入表 10-8-1 和表 10-8-2 中。

表 10-8-1　实验数据一

水平视角/(°)	− 85	− 80	− 75	− 70	− 65	− 60	− 55	− 50	− 45
水平视角照度/lx									
水平视角/(°)	− 40	− 35	− 30	− 25	− 20	− 15	− 10	− 5	0
水平视角照度/lx									
水平视角/(°)	0	5	10	15	20	25	30	35	40
水平视角照度/lx									
水平视角/(°)	45	50	55	60	65	70	75	80	85
水平视角照度/lx									

表 10-8-2　实验数据二

垂直视角/(°)	− 85	− 80	− 75	− 70	− 65	− 60	− 55	− 50	− 45
垂直视角照度/lx									
垂直视角/(°)	− 40	− 35	− 30	− 25	− 20	− 15	− 10	− 5	0
垂直视角照度/lx									
垂直视角/(°)	0	5	10	15	20	25	30	35	40
垂直视角照度/lx									
垂直视角/(°)	45	50	55	60	65	70	75	80	85
垂直视角照度/lx									

【思考题】

如何测量 LCD 的视角特性?

实验九　段式液晶屏驱动实验

【实验目的】

了解液晶屏的驱动原理。

【实验内容】

段式液晶屏驱动实验。

【实验仪器】

(1) 实验平台一台。

(2) LCD 特性测试及应用模块(二)一套。

(3) 连接导线若干。

(4) USB 连接线一根。

【实验原理】

(1) 段式液晶屏在 COM 端与对应段端施加电场,则对应段显示。

(2) 本实验采用的段式液晶屏接口如图 10-9-1 所示。

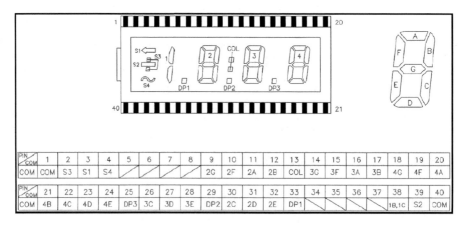

图 10-9-1　段式液晶屏接口图

【注意事项】

(1) 实验过程中严禁短路现象的发生。

（2）实验结束后，关闭电源，整理实验设备。

【实验步骤】

（1）将发货光盘中段式液晶屏驱动的烧录代码"烧录代码\LCD特性测试及应用模块\段码液晶屏源程序\LCD_TESE_2.hex"烧录到模块（二）的芯片上。

（2）打开段式液晶屏单元的开关1、开关2、开关3、开关4（全部拨到"ON"端）。开关控制见表10-9-1。

表10-9-1　开关控制

段开关 位开关	1	2	3	4	5	6	7	8
开关1	2A	2B	2C	2D	2E	2F	2G	COL(13)
开关2	2A	2B	2C	2D	2E	2F	2G	DP2
开关3	4A	4B	4C	4D	4E	4F	4G	DP3
开关4	DP1	1B、1C	S2	COM(40)	S4	S1	S3	COM(1)

（3）按照如下接线方式给模块供电，开启电源，观察实验现象。

+5 V直流电源的"+5 V"	接	电源接口的"+5 V"
+5 V直流电源的"GND"	接	电源接口的"GND"

【思考题】

段式液晶屏的驱动原理是什么？

实验十　段式液晶屏静态驱动实验

【实验目的】

（1）了解液晶屏的驱动原理。

（2）掌握段式液晶屏驱动代码的修改。

【实验内容】

段式液晶屏静态驱动实验。

【实验仪器】

（1）实验平台一台。

（2）LCD 特性测试及应用模块（二）一套。

（3）连接导线若干。

（4）USB 连接线一根。

【实验原理】

（1）段式液晶屏在 COM 端与对应段端施加电场，则对应段显示。

（2）本实验采用的段式液晶屏接口参见图 10-9-1。

（3）MCU 与段式液晶屏的连接是通过拨码开关控制的，连接图如图 10-10-1 所示。

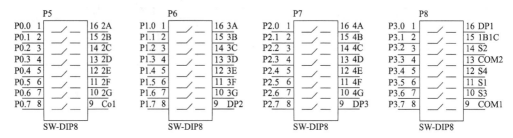

图 10-10-1　段式液晶屏、拨码开关与 MCU 连接图

【注意事项】

（1）实验过程中严禁短路现象的发生。

（2）实验结束后，关闭电源，整理实验设备。

【实验步骤】

（1）按照如下参考代码修改源程序对应部分的代码。

```
…
while（1）
{
    for( x = 0 ; x < y ; x ++ )
    {
        P3 = 0x00 ;
        P0 = 0x3f ;
        P1 = 0x3f ;
        P2 = 0x3f ;
        delay _ 1ms( n ) ;
    }
    for( x = 0 ; x < y ; x ++ )
    {
```

```
        P3 = 0x00;
        P0 = 0x06;
        P1 = 0x06;
        P2 = 0x06;
        delay _ 1ms( n) ;
    }
for( x = 0 ; x < y ; x ++ )
    {
        P3 = 0x00;
        P0 = 0x5b;
        P1 = 0x5b;
        P2 = 0x5b;
        delay _ 1ms( n) ;
    }
for( x = 0 ; x < y ; x ++ )
    {
        P3 = 0x00;
        P0 = 0x4f;
        P1 = 0x4f;
        P2 = 0x4f;
        delay _ 1ms( n) ;
    }
for( x = 0 ; x < y ; x ++ )
    {
        P3 = 0x00;
        P0 = 0x66;
        P1 = 0x66;
        P2 = 0x66;
        delay _ 1ms( n) ;
    }
for( x = 0 ; x < y ; x ++ )
    {
        P3 = 0x00;
        P0 = 0x6d;
        P1 = 0x6d;
```

```
        P2 = 0x6d;
        delay_1ms(n);
    }
    for(x = 0; x < y; x++)
    {
        P3 = 0x00;
        P0 = 0x7d;
        P1 = 0x7d;
        P2 = 0x7d;
        delay_1ms(n);
    }
    for(x = 0; x < y; x++)
    {
        P3 = 0x00;
        P0 = 0x07;
        P1 = 0x07;
        P2 = 0x07;
        delay_1ms(n);
    }
    for(x = 0; x < y; x++)
    {
        P3 = 0x00;
        P0 = 0x7f;
        P1 = 0x7f;
        P2 = 0x7f;
        delay_1ms(n);
    }
    for(x = 0; x < y; x++)
    {
        P3 = 0x00;
        P0 = 0x6f;
        P1 = 0x6f;
        P2 = 0x6f;
        delay_1ms(n);
    }
```

```
break;
}
```

（2）重新编译程序,将生成的代码烧录到模块 IC 上。

（3）打开段式液晶屏单元的开关 1、开关 2、开关 3、开关 4。

（4）按照如下接线方式给模块供电,开启电源,观察实验现象。

+5 V 直流电源的" +5 V"	接	电源接口的" +5 V"
+5 V 直流电源的"GND"	接	电源接口的"GND"

【思考题】

（1）分析实验现象,并说明本实验中的源程序与本章实验九中的源程序相比所缺少部分代码的作用。

（2）综合分析实验九和实验十的实验现象,尝试进一步完善段式液晶屏的驱动。

实验十一　液晶屏背光调节驱动实验

【实验目的】

掌握液晶屏背光调节驱动。

【实验内容】

液晶屏背光调节驱动实验。

【实验仪器】

（1）实验平台一台。

（2）LCD 特性测试及应用模块(二)一套。

（3）连接导线若干。

【实验原理】

（1）液晶屏本身不发光,其发光的部分是液晶屏的背光源。常见的背光源有荧光灯管、LED 背光源等。

（2）本实验所采用的背光源为 LED + 导光板,背光源结构如图 10-11-1 所示。

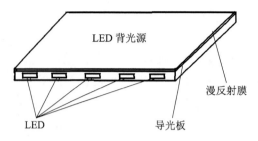

图 10-11-1 LCD 背光源结构

【注意事项】

（1）实验过程中严禁短路现象的发生。

（2）调节旋钮时应均匀、缓慢用力。

（3）液晶屏在拆装时请小心仔细，以免损坏液晶屏及其结构。

【实验步骤】

（1）将点阵液晶屏单元的点阵液晶屏垂直放置，并按照如下方式接线。

台体 0～20 mA 的"＋"	接	模块（二）背光源的"＋"
台体 0～20 mA 的"－"	接	模块（二）背光源的"－"

（2）缓慢调节输出调节单元的三个旋钮，观察背光源现象。

【思考题】

为什么要用恒流源驱动背光源？

实验十二　图形点阵液晶屏驱动实验

【实验目的】

了解图形点阵液晶屏的驱动。

【实验内容】

图形点阵液晶屏驱动实验。

【实验仪器】

（1）实验平台一台。

（2）LCD 特性测试及应用模块（二）一套。

（3）连接导线若干。

（4）USB 连接线一根。

【实验原理】

（1）点阵液晶屏的驱动一般采用液晶屏专用驱动芯片,本实验用到的点阵液晶屏专用驱动芯片为 ST7565R,液晶屏分辨率为 128×64。

（2）液晶屏接口定义如表 10-12-1 所示。

表 10-12-1　液晶屏接口定义

引脚编号	符号	I/O	功能
1	NC	–	–
2	NC	–	–
3	/CS1	I	芯片选择输入引脚
4	/RES	I	重置输入引脚
5	A0	I	注册选择输入引脚
6	/WR	I	写入执行控制引脚
7	/RD	I	阅读执行控制引脚
8	D0		
9	D1		
10	D2		
11	D3	I/O	数据总线
12	D4		
13	D5		
14	D6		
15	D7		
16	VDD	+3.0 V	逻辑电源
17	VSS	0 V	逻辑接地
18	VOUT	O	DC/DC 电压转换器输出
19	CAP3 +	O	电容 3 + 内部 DC/DC 电压转换器衬垫
20	CAP1 –	O	电容 1 – 内部 DC/DC 电压转换器衬垫
21	CAP1 +	O	电容 1 + 内部 DC/DC 电压转换器衬垫
22	CAP2 +	O	电容 2 + 内部 DC/DC 电压转换器衬垫
23	CAP2 –	O	电容 2 – 内部 DC/DC 电压转换器衬垫
24	NC	–	–

引脚编号	符号	I/O	功能
25	V1	提供	LCD 驱动器提供电压。LCD 单元决定的电压是应用电阻驱动器的阻抗转换或运行放大器。电压应与下面的关系保持一致：V0≥V1≥V2≥V3≥V4≥VSS。 当芯片上的运行功率开启，V1 到 V4 会由下表中的电压提供。
26	V2		
27	V3		
28	V4		
29	V0		

LCD bias	V1	V2	V3	V4
1/5 bias	4/5V0	3/5V0	2/5V0	1/5V0
1/6 bias	5/6V0	4/6V0	2/6V0	1/6V0
1/7 bias	6/7V0	5/7V0	2/7V0	1/7V0
1/8 bias	7/8V0	6/8V0	2/8V0	1/8V0
1/9 bias	8/9V0	7/9V0	2/9V0	1/9V0

设置 LCD bias 指令进行电压选择。

当"P/S"是"L"时，D0 到 D5 为 Hz。D0 到 D5 可能是"H""L"或打开状态。RD(E) 和 WR(WR/) 被固定在"H"或"L"。在串联数据输入下，不支持 RAM 显示数据读取。

引脚编号	符号	I/O	功能
30	VR	I	电压调整衬垫
31	NC	–	–
32	C86	I	MPU 界面开关端子。 C86 ="H":6800 系列 MPU 界面； C86 ="L":8080 MPU 界面。
33	PS	I	并联数据输入/串联数据输入开关端子。 P/S ="H":并联数据输入； P/S ="L":串联数据输入。 依据 P/S 状态应用如下：

P/S	数据/指令	数据	读/写	串行钟
"H"	A0	D0 到 D7	RD, WR	–
"L"	A0	SI(D7)	只写	SCL(D6)

引脚编号	符号	I/O	功能
34	NC	–	–
35	IRS	I	端子为电阻选择 V0 电压水平调整。 IRS ="H"，使用内部电阻 IRS ="L"，不要用内部电阻。V0 电压水平由连接 VR 端子的外部电阻电压除法器管理。当选择主运行模式使用衬底。当选择从运行模式，它被固定在"H"或"L"。
36	NC	–	–

（3）详细控制原理参见液晶屏专用驱动芯片 ST7565R 手册。

【注意事项】

（1）实验过程中严禁短路现象的发生。

（2）液晶屏的拆装请小心仔细，以免损坏液晶屏及其结构。

【实验步骤】

（1）将烧录代码"发货光盘\烧录代码\LCD 特性测试及应用模块\点阵液晶驱动程序\LCD_TESE_1.hex"烧录到模块 IC 上。接线方式如下：

+5 V 直流电源的"+5 V"	接	电源接口的"+5 V"
+5 V 直流电源的"GND"	接	电源接口的"GND"
台体 0~20 mA 的"+"	接	模块（二）背光源的"+"
台体 0~20 mA 的"−"	接	模块（二）背光源的"−"

（2）打开电源，观察实验现象。

（3）将点阵液晶屏垂直安装，观察实验现象。

【思考题】

尝试修改源代码，实现不同点阵液晶屏的显示功能。

实验十三　触摸屏基本特性测量实验

【实验目的】

了解触摸屏的基本特性。

【实验内容】

（1）触摸屏端点电阻测量实验。

（2）了解触摸屏绝缘阻抗。

【实验仪器】

（1）实验平台一台。

（2）LCD 特性测试及应用模块（二）一套。

（3）万用表一个。

【实验原理】

1. 四线电阻式触摸屏的结构

结构图如图 10-13-1 所示。

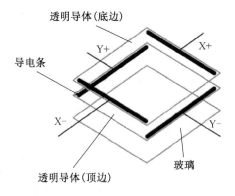

图 10-13-1　四线电阻式触摸屏的结构图

在玻璃或丙烯酸基板上覆盖有两层透平,它们为均匀导电的 ITO 层,将其分别作为 X 电极和 Y 电极。它们之间由均匀排列的透明格点分开绝缘,其中下层的 ITO 附着在玻璃基板上,上层的 ITO 附着在 PET 薄膜上。X 电极和 Y 电极的正负端由导电条(图中黑色条形部分)分别从两端引出,且 X 电极和 Y 电极导电条的位置相互垂直。引出端"X-""X+""Y-""Y+"共四条线,这就是四线电阻式触摸屏名称的由来。当有物体接触触摸屏表面并施以一定的压力时,上层的 ITO 导电层发生形变,与下层 ITO 发生接触,该结构可以等效为相应的电路,如图 10-13-2 所示。

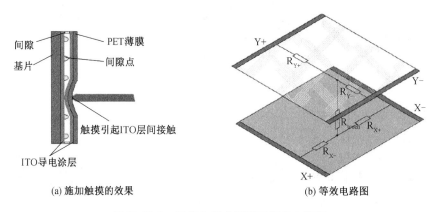

(a) 施加触摸的效果　　　　　　　　　(b) 等效电路图

图 10-13-2　四线电阻式触摸屏等效电路图

2. 计算触点的 (X,Y) 坐标

该计算过程有两步:

① 计算 Y 坐标,在 Y + 电极施加驱动电压 V_{Drive},Y - 电极接地,X + 作为引出端测量得到接触点的电压,由于 ITO 层均匀导电,触点电压与 V_{Drive} 电压之比等于触点 Y 坐标与屏高度之比。

② 计算 X 坐标,在 X + 电极施加驱动电压 V_{Drive},X - 电极接地,Y + 作为引出端测量得到接触点的电压,由于 ITO 层均匀导电,触点电压与 V_{Drive} 电压之比等于触点 X 坐标与屏宽度之比,如图 10-13-3 所示。

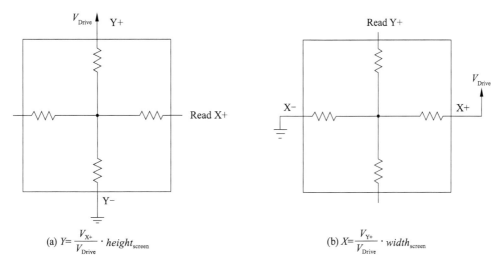

(a) $Y = \dfrac{V_{X+}}{V_{Drive}} \cdot height_{screen}$ (b) $X = \dfrac{V_{Y+}}{V_{Drive}} \cdot width_{screen}$

图 10-13-3　触点的 (X,Y) 坐标示意图

测得的电压通常先由 ADC 转化为数字信号,再进行简单处理就可以作为坐标判断触点的实际位置。

四线电阻式触摸屏除了可以得到触点的 X/Y 坐标,还可以测得触点的压力,这是因为顶层施压后,上下层 ITO 发生接触,触点上实际是有电阻存在的,如图 10-13-2 中的 R_{touch}。压力越大,接触越充分,电阻越小,通过测量这个电阻的大小就可以量化压力的大小。

在触摸屏没有被按压时,X 与 Y 之间的阻值理论上为无穷大,由于制造工艺的因素,实际上在触摸屏没有被按压时,X 与 Y 之间有一个很大的电阻,该阻值通常在 20 MΩ 以上。

【注意事项】

(1) 实验设备和物件应轻拿轻放,保证实验设备完好。

(2) 注意触摸屏及其连接件的保护,禁止拉拽连接后的触摸屏。

【实验步骤】

(1) 将触摸屏连接在模块右侧的扩展接口上。

(2) 用万用表测得 T_1 和 T_3 两端的电阻值 R_X 为"X 轴"端点的电阻值。

(3) 用万用表测得 T_2 和 T_4 两端的电阻值 R_Y 为"Y 轴"端点的电阻值。

【思考题】

如何测量触摸屏的电阻参数?

实验十四　触摸屏活动区域偏移量测量实验

【实验目的】

（1）了解触摸屏活动区域偏移量的概念。
（2）掌握触摸屏活动区域偏移量的测量。

【实验内容】

触摸屏活动区域偏移量的测量实验。

【实验仪器】

（1）实验平台一台。
（2）LCD 特性测试及应用模块（二）一套。
（3）万用表一个。
（4）连接导线若干。

【实验原理】

（1）定义触摸屏某点在 X 轴的偏移量为 $X - X'$，其中 X 为该点处实测电压值，X' 为该点处理论电压值。

（2）定义触摸屏某点在 Y 轴的偏移量为 $Y - Y'$，其中 Y 为该点处实测电压值，Y' 为该点处理论电压值。

【注意事项】

（1）实验过程中严禁短路现象的发生。
（2）实验设备和物件应轻拿轻放，保证实验设备完好。
（3）注意触摸屏及其连接件的保护，禁止拉拽连接后的触摸屏。

【实验步骤】

（1）将触摸屏连接在模块右侧的扩展接口上。
（2）按照如下方式进行接线：

扩展接口单元的"N1"	接	+5 V 直流电源的" + "
扩展接口单元的"N3"	接	+5 V 直流电源的" − "

（3）用万用表测得 T_1 与 GND 之间的电压值为 U_1；测得 T_3 与 GND 之间的电压值为

U_2;则 X 方向上的电压值为 $U_2 - U_1$,推得触摸屏的位置1、位置2、位置3、位置4处(对应图 10-14-1 中)的电压值为 $X_1' = U_1 + 7(U_2 - U_1)/10, X_2' = U_1 + 5(U_2 - U_1)/10, X_3' = U_1 + 3(U_2 - U_1)/10, X_4' = U_1 + (U_2 - U_1)/10$。

(4)用手按压图 10-14-1 中位置1处,用万用表测得 T_2 和 GND 两端的电压为 X_1;用手按压图中位置2处,用万用表测得 T_2 和 GND 两端的电压为 X_2;用手按压图中位置3处,用万用表测得 T_2 和 GND 两端的电压为 X_3;用手按压图中位置4处,用万用表测得 T_2 和 GND 两端的电压为 X_4。

位置1处 X 方向的偏移量为 $X_1 - X_1'$,位置2处 X 方向的偏移量为 $X_2 - X_2'$,位置3处 X 方向的偏移量为 $X_3 - X_3'$,位置4处 X 方向的偏移量为 $X_4 - X_4'$。

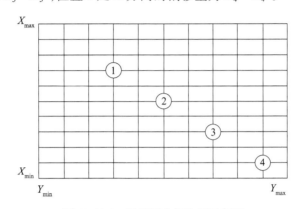

图 10-14-1 触摸屏坐标位置示意图

(5)按照如下方式进行接线:

扩展接口单元的"N2"	接	+5 V 直流电源的"+"
扩展接口单元的"N4"	接	+5 V 直流电源的"−"

(6)用万用表测得 T_2 与 GND 之间的电压值为 V_1;测得 T_4 与 GND 之间的电压值为 V_2;则 X 方向上的电压值为 $V_2 - V_1$,推得触摸屏对应图中的位置1、位置2、位置3、位置4处的电压值为 $Y_1' = V_1 + 3(V_2 - V_1)/10, Y_2' = V_1 + 5(V_2 - V_1)/10, Y_3' = V_1 + 7(V_2 - V_1)/10, Y_4' = V_1 + 9(V_2 - V_1)/10$。

(7)用手按压图 10-14-1 中位置1处,用万用表测得 T_1 和 GND 两端的电压为 Y_1;用手按压图中位置2处,用万用表测得 T_1 和 GND 两端的电压为 Y_2;用手按压图中位置3处,用万用表测得 T_1 和 GND 两端的电压为 Y_3;用手按压图中位置4处,用万用表测得 T_1 和 GND 两端的电压为 Y_4。

位置1处 Y 方向的偏移量为 $Y_1 - Y_1'$,位置2处 Y 方向的偏移量为 $Y_2 - Y_2'$,位置3处 Y 方向的偏移量为 $Y_3 - Y_3'$,位置4处 Y 方向的偏移量为 $Y_4 - Y_4'$。

【思考题】

如何测量触摸屏的活动区域偏移量?

实验十五　触摸屏线性度测量实验

【实验目的】

（1）了解触摸屏线性度的概念。

（2）掌握触摸屏线性度的测量原理。

【实验内容】

触摸屏线性度测量实验。

【实验仪器】

（1）实验平台一台。

（2）LCD 特性测试及应用模块（二）一套。

（3）万用表一个。

（4）连接导线若干。

【实验原理】

线性度是指触摸屏实际接触点与解析点之间的相似性。触摸屏的独立线性度为触摸屏的实际平均输出特性曲线相对最佳直线的最大偏差，以传感器满量程输出的百分比来表示。测量方法是通过多点测量，再与实际值比对。线性度计算原理图如图 10-15-1 所示。

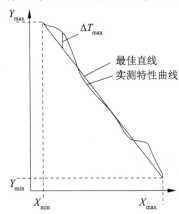

图 10-15-1　线性度计算原理图

【注意事项】

（1）实验过程中严禁短路现象的发生。

（2）实验设备和物件应轻拿轻放，保证实验设备完好。

（3）注意触摸屏及其连接件的保护,禁止拉拽连接后的触摸屏。

【实验步骤】

（1）按照图 10-15-2 测量相关实验数据。

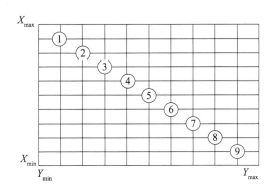

图 10-15-2　线性度测量示意图

（2）实验数据的测量方法参照本章实验十四中的方法,测量图中 9 个点的实测电压值,换算为坐标位置值,并将位置值填入表 10-15-1。

表 10-15-1　实验数据

对应图中点	1	2	3	4	5	6	7	8	9
X 物理坐标	1	2	3	4	5	6	7	8	9
X 实测坐标	$X_1 =$	$X_2 =$	$X_3 =$	$X_4 =$	$X_5 =$	$X_6 =$	$X_7 =$	$X_8 =$	$X_9 =$
Y 物理坐标	1	2	3	4	5	6	7	8	9
Y 实测坐标	$Y_1 =$	$Y_2 =$	$Y_3 =$	$Y_4 =$	$Y_5 =$	$Y_6 =$	$Y_7 =$	$Y_8 =$	$Y_9 =$

（3）参考实验原理中的图 10-15-1,将上表数据绘制在图 10-15-3 所示坐标系中。

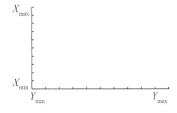

图 10-15-3　实验测量图

（4）用光滑的曲线连接点 (X_1, Y_1),(X_2, Y_2),$\cdots$,(X_9, Y_9),用直线连接图 10-15-2 中所示的 9 个点,并将图绘制在步骤（3）中的坐标系中。

（5）设 $DX^2 = \max(X_n - X'_n)^2$,其中 X_n、X'_n 为 Y_n 对应在直线和曲线上的点的横坐标。

（6）设 $DY^2 = \max(Y_n - Y'_n)^2$,其中 Y_n、Y'_n 为 X_n 对应在直线和曲线上的点的纵坐标。

（7）线性度 $L_x = DX/10 \times 100\%$,$L_y = DY/10 \times 100\%$。

【思考题】

实验过程中,为保证测量精度,按压触摸屏时应该注意什么?

实验十六　触摸屏透光率测量实验

【实验目的】

了解触摸屏透光率的特性。

【实验内容】

触摸屏透光率测量实验。

【实验仪器】

(1)实验平台一台。

(2)LCD 特性测试及应用模块(一)一套。

(3)万用表一个。

(4)连接导线若干。

【实验原理】

通过照度计测量触摸屏挡光前后的数据计算。

【注意事项】

(1)实验过程中严禁短路现象的发生。

(2)实验设备和物件应轻拿轻放,保证实验设备完好。

(3)注意触摸屏及其连接件的保护,禁止拉拽连接后的触摸屏。

【实验步骤】

(1)调整好实验设备。

(2)将触摸屏放置于 LCD 区域(发射端和接收端中间)。

(3)将发射端的 LED 光源套筒对应接至输出调节单元;将 +5 V 直流电源接至电源接口;将接收端硅光电池套筒接至台体照度计(或仪表模块照度计)。具体接线方式如下:

台体 +5 V 直流电源的"+5 V"	接	模块(一)电源接口的"+5 V"
台体 +5 V 直流电源的"GND2"	接	模块(一)电源接口的"GND"
发射端 LED 光源套筒"红"	接	输出调节单元的"输出 1"
发射端 LED 光源套筒"绿"	接	输出调节单元的"输出 2"
发射端 LED 光源套筒"蓝"	接	输出调节单元的"输出 3"
发射端 LED 光源套筒"黑"	接	电源接口的"GND(J2)"
接收端硅光电池套筒"红"	接	照度计的"正"
接收端硅光电池套筒"黑"	接	照度计的"负"

（4）将接收套筒盖住（不让光线进入接收套筒）照度计并调零后，打开电源，让发射端光线进入套筒，记录照度计读数 L_1。

（5）用触摸屏紧靠接收套筒，挡住接收套筒接收光线端，记录照度计读数 L_2。

（6）计算触摸屏透过率：$L = L_2/L_1 \times 100\%$。

【思考题】

如何测量液晶的触摸屏透光率？

实验十七　触摸屏应用设计实验

【实验目的】

了解触摸屏的应用。

【实验内容】

触摸屏应用设计实验。

【实验仪器】

（1）实验平台一台。

（2）LCD 特性测试及应用模块一套。

（3）连接导线若干。

（4）USB 连接线一根。

【实验原理】

（1）将触摸屏作为输入终端，实现触摸屏输入，液晶屏同步显示功能。

（2）本实验为自行设计实验，通过 P2.0 – P2.3 驱动触摸屏，以及 P1.0 – P1.3 检测触摸屏按压位置,实现触摸屏按压,段式液晶屏同步显示数字"1"和"2"的功能。

（3）MCU 接口、触摸屏接口、段式液晶屏开关接口原理图分别如图 10-17-1、图 10-17-2 和图 10-10-1 所示。

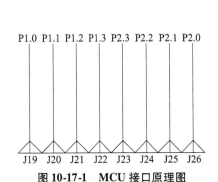

图 10-17-1　MCU 接口原理图

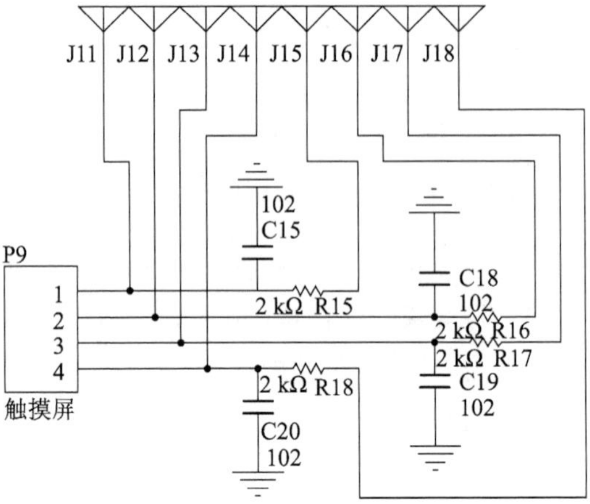

图 10-17-2　触摸屏接口原理图

【注意事项】

（1）实验过程中严禁短路现象的发生。

（2）实验设备和物件应轻拿轻放,保证实验设备完好。

（3）注意触摸屏及其连接件的保护,禁止拉拽连接后的触摸屏。

【实验步骤】

（1）参考发货光盘中的"LCD 特性测试及应用模块\模块触摸屏参考程序\LCDCM_TESE.c"。

（2）自行编写实现触摸屏输入、段式液晶屏同步显示功能的程序。

（3）打开段式液晶屏对应接口,并连接相应的实验连线。

（4）编译、连接,将生成的.hex 文件下载到模块后,按压触摸屏,观察实验现象。

【思考题】

如何提高触摸屏的输入精度?

实验十八　LCD 显示实验

【实验目的】

了解 LCD 显示屏的工作原理,并能根据其数据手册编写驱动程序。

【实验内容】

通过编写程序,控制液晶屏显示内容。

【实验仪器】

(1) 实验平台一台。

(2) LCD 模块和 LCM 模块(LCD 显示模组、液晶模块)各一套。

(3) USB 连接线一根。

(4) 连接导线若干。

【实验原理】

(1) OCM240128 – 1 是一种点阵图形液晶显示器,它主要由控制 IC(6963)及 240 × 128 点阵液晶显示器组成。本实验为 OCM240128 – 1 点阵图形液晶模块驱动程序的基础应用。

(2) 在硬件上,通过 2 号台阶插座将 OCM240128 – 1 的数据口(DB0 ~ DB7)和控制接口(/WR、/RD、/CE 和 C/D)共 12 位全部引出,并为其扩展成触摸屏预留了所需的接口。采用这种开放式设计,不仅能提高模块的可操作性,锻炼学生的动手能力,增强其对硬件层的理解,还能够方便后期升级。此部分电路原理图如图 10-18-1 所示。

【注意事项】

(1) 实验操作中,严禁带电插拔器件和导线,熟悉电路原理并检查无误后,方可打开电源进行实验。

(2) 严禁将电源对地短路。

【实验步骤】

(1) 将主台体上的 + 5 V 电源和"GND"分别用导线引入 LCD 模块和 LCM 模块的电源接口。

(2) 按表 10-18-1 用导线将对应端口连接好,检查无误后下载"\LCD 模块烧录代码\ LCD1. hex"。

表 10-18-1　IO 口与数据/控制接口对照表

	1	2	3	4	5	6	7	8	9	10	11	12
LCM 模块的 IO	P00	P01	P02	P03	P04	P05	P06	P07	P20	P21	P22	P23
LCD 模块的 LCD	DB0	DB1	DB2	DB3	DB4	DB5	DB6	DB7	/WR	/RD	/CE	C/D

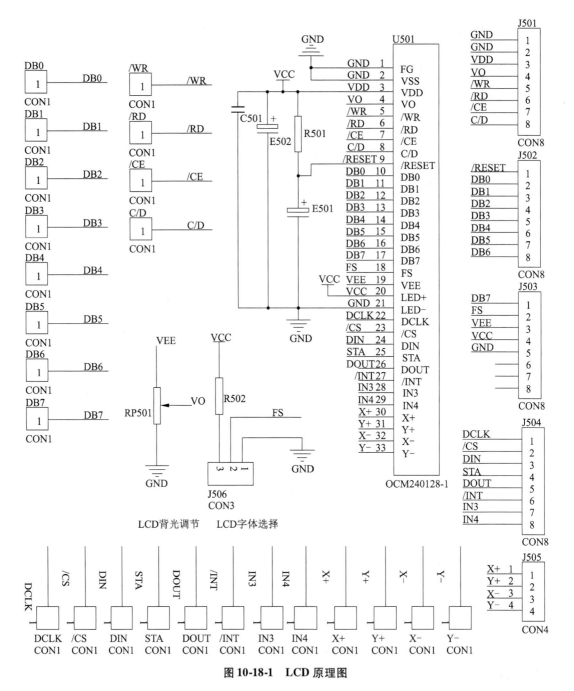

图 10-18-1　LCD 原理图

（3）观察 LCD 显示内容，修改程序和相关接口函数，实现不同的显示方式和内容，观察实验现象。

（4）实验完毕，关闭所有电源，拆除导线并放置好。

【思考题】

如何优化程序实现多级菜单显示？

实验十九　LCD 显示设计实验

【实验目的】

了解 LCD 显示屏的工作原理,并能根据其数据手册编写驱动程序。

【实验内容】

通过编写程序,控制液晶屏显示简单的菜单。

【实验仪器】

(1) 实验平台一台。

(2) LCD 模块和 LCM 模块各一套。

(3) USB 连接线一根。

(4) 连接导线若干。

【实验原理】

(1) OCM240128 - 1 是一种点阵图形液晶显示器,它主要由控制 IC(6963)及 240 × 128 点阵液晶显示器组成。本实验是在 OCM240128 - 1 点阵图形液晶模块驱动程序的基础上,完成一个简易的 GUI(图形用户接口)界面。此 GUI 界面由多级菜单组成,液晶显示屏初始化完毕后,进入功能选择菜单,用户通过键盘执行选中的功能或内容。

(2) 在硬件上,通过 2 号台阶插座将 OCM240128 - 1 的数据口(DB0 ~ DB7)和控制接口(/WR、/RD、/CE 和 C/D)共 12 位全部引出,并为其扩展成触摸屏预留了所需的接口。采用这种开放式设计,不仅可提高模块的可操作性,锻炼学生的动手能力,增强其对硬件层的理解,还能够方便后期升级。此部分电路原理图参见图 10-18-1。

【注意事项】

(1) 实验操作中,严禁带电插拔器件和导线,熟悉电路原理并检查无误后,方可打开电源进行实验。

(2) 严禁将电源对地短路。

【实验步骤】

(1) 将主台体上的 +5 V 电源和“GND”分别用导线引入 LCD 模块和 LCM 模块的电源接口,下载“\LCD 模块烧录代码\LCD. hex”。

(2) 选择字体(本实验采用 8 ×8 字模,将短路块连接 8 ×8 端的两个插针)。

（3）根据表 10-19-1，用导线将对应端口连接好，检查无误后打开电源开关"POW-ER"，按下单片机复位键"RESET"。

表 10-19-1　IO 口与数据/控制接口对照表

	1	2	3	4	5	6	7	8	9	10	11	12
LCM 模块的 IO	P00	P01	P02	P03	P04	P05	P06	P07	P20	P21	P22	P23
LCD 模块的 LCD	DB0	DB1	DB2	DB3	DB4	DB5	DB6	DB7	/WR	/RD	/CE	C/D

（4）按表 10-19-2 设置功能，进行相关操作，观察 LCD 显示内容。

表 10-19-2　按键功能设置表

按键	KEY1	KEY2	KEY3	KEY4
功能	进入主菜单	菜单选择	进入下一级菜单	返回上一级菜单

（5）实验完毕，关闭所有电源，拆除导线并整理好。

【思考题】

如何修改实验程序，实现在指定位置显示指定的字符？

第十一章

LCM 模块实验

LCM(LCD module)即 LCD 显示模组、液晶模块,是指将液晶显示器件、连接件、控制与驱动等外围电路、PCB 电路板、背光源、结构件等装配在一起的组件。

LCM 提供用户一个标准的 LCD 显示驱动接口(有4位、8位、VGA 等不同类型),用户按照接口要求进行操作来控制 LCD 正确显示。LCM 相较玻璃是一种更高集成度的 LCD 产品。对于小尺寸 LCD 显示,LCM 可以比较方便地与各种微控制器(比如单片机)连接。但是,对于大尺寸或彩色的 LCD 显示,一般会占用控制系统相当大部分的资源或根本无法实现控制,比如 320×240 的 256 色的彩色 LCM,以 20 场/秒(即1秒钟全屏刷新显示 20 次)显示,一秒钟仅传输的数据量就高达 $320 \times 240 \times 8 \times 20 = 11.71875$ MB 或 1.465 MB,如果让标准 MCS −51 系列单片机处理,假设重复使用 MOVX 指令连续传输这些数据,考虑地址计算时间,至少需要接 421.875 MHz 的时钟才能完成数据传输,可见处理数据量之巨大。

LCM(Liquid Composite Molding)工艺,即复合材料液体成型工艺,也是指以 RTM、RFI 和 RRIM 为代表的复合材料液体成型类技术。其主要原理为首先在模腔中铺好按性能和结构要求设计的增强材料预成型体,采用注射设备将专用注射树脂诸如闭合模腔或加热熔化模腔内的树脂膜。模具具有周边密封和紧固,以及注射及排气系统,以保证树脂流动顺畅并排出模腔中的全部气体,彻底浸润纤维。此外,模具还有加热系统,可以进行加热固化而成型为复合材料构件。

关于 LCM,有以下注意事项:

1. 安装

LCD 模块的安装是用 PCB 上的安装孔装配到所用的设备仪器上,因为模块内部的显示屏由两片很薄的玻璃组成,容易损坏,因此在安装应用时应特别小心。

2. 模块的清洁处理

当对模块进行清洁处理时,用软布蘸取少许溶剂轻擦即可,推荐异丙醇或乙醇,请勿使用水、酮类、芳香族化合物清洁,同时避免用干燥或硬物擦洗显示器表面以免损坏偏光片。

3. 防止静电

LCD 模块上所用的驱动 IC 为 C－MOS 大规模集成电路。因此请勿将任何未用的输入端接到 VDD 或 VSS,不要在电源打开之前向模块输入任何信号,并将操作者的身体、工作台、装配台接地,安装设备需防止静电。

4. 包装

LCD 模块应避免剧烈震动,或从高处跌落。为防止模块老化,避免在阳光直射下或高温、高湿环境下工作或储存。

5. 操作

LCD 模块必须在规定的电压范围内驱动,高于规定的驱动电压将缩短 LCD 模块的寿命。温度低于工作温度范围时,LCD 的响应时间将会显著增加,高于工作温度范围时,LCD 颜色变暗。上述现象在 LCD 模块恢复工作温度时便会恢复正常,并非产品质量问题。如果在工作状态下,显示区被用力压迫,某些字符会显示错误,但重启一次后便会恢复正常。

6. 贮存

如果长期贮存(如一年)推荐使用如下方法:

(1)将模块封入聚乙烯塑料袋中防潮。

(2)放置在避光且温度在规定的存贮温度范围内的地方。

(3)存贮中避免任何物体触及偏光片表面。

7. 安全

(1)建议将损坏或无用的 LCD 模块打成碎片并将液晶用乙醇和丙醇清洗干净,之后需将其焚烧。

(2)如果不慎将损坏的 LCD 屏内泄漏的液晶粘在手上,请用肥皂水清洗干净。

实验一　段码屏显示实验

【实验目的】

掌握 SMS0601 的显示原理及驱动设计方法。

【实验内容】

实现 SMS0601 段码屏显示。

【实验仪器】

(1)实验平台一台。

(2)LCM 模块一套。

（3）USB 连接线一根。

（4）连接导线若干。

【实验原理】

1. SMS0601 液晶显示模块概述

SMS0601 标准数码笔段型液晶显示模块（LCM），采用数码笔段型液晶显示器（LCD），可显示 6 位数字 2 个时间分隔符及 5 个小数点，宽电压工作范围，微功耗，与 MCU 单片机采用二线式串行接口连接，广泛应用于手持式仪器仪表及智能显示仪表。

2. SMS0601 液晶显示模块的主要技术参数

显示容量:6 位数字 + 2 个时间分隔符 + 5 个小数点。

模块工作电压:2. 7 ~ 5. 5 V。

工作电流:30 μA(3. 0 V) 、300 μA(5. 0 V) 。

字高:12. 7 mm。

环境相对湿度: < 85% 。

视角:6:00。

工作温度: - 10 ~ + 50 ℃ 。

显示方式:反射式正显示。

存储温度: - 20 ~ + 60 ℃ 。

接口方式:二线式串行接口。

3. SMS0601 液晶显示模块的接口信号说明

1 脚 DI:串行数据输入;　 2 脚 CLK:串行移位脉冲输入;

3 脚 VDD:电源正极;　　 4 脚 VSS:电源地。

【注意事项】

（1）实验操作中不要带电插拔导线,熟悉实验原理后,按照电路图连线,检查无误后,方可打开电源进行实验。

（2）严禁将电源对地短路。

【实验步骤】

（1）用导线将 + 5 V 电源引入 LCM 模块电源接口上。

（2）按照实验接线示意图(如图 11-1-1) 连接好实验电路,检查无误后继续后面的步骤。

（3）使用 AB 型 USB 线连接 LCM 模块与 PC 机,打开 LCM 模块电源开关“POWER”。

（4）打开“STC_ISP_V486. exe”程序下载软件,选择“\LCM 模块烧录代码\LCM1. hex”,选择合适的 COM 口,同时设置最高波特率和最低波特率为相同的值,然后下载实验程序。

（5）实验程序下载完成后，观察实验现象。

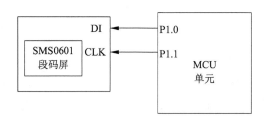

图 11-1-1　段码屏接线示意图

【思考题】

设计程序，观察段码屏的影响因素有哪些？

实验二　LCD1602 显示实验

【实验目的】

掌握 LCD1602 的显示原理及驱动设计方法。

【实验内容】

LCD 显示实验。

【实验仪器】

（1）实验平台一台。

（2）LCM 模块一套。

（3）USB 连接线一根。

（4）连接导线若干。

【实验原理】

液晶显示的原理是利用液晶的物理特性，通过电压对其显示区域进行控制，有电就有显示，这样即可显示出图形。液晶显示器具有厚度薄、适用于大规模集成电路直接驱动、易于实现全彩色显示的特点，目前已经被广泛应用在便携式电脑、数字摄像机、PDA 移动通信工具等众多领域。

字符型液晶显示模块是一种专门用于显示字母、数字、符号等的点阵式 LCD，目前常用 16×1、16×2、20×2 和 40×2 等显示模块。

LCD1602 采用标准的 16 脚（带背光）接口，其主要技术参数如下：

显示容量:16×2个字符。

工作电压:+5.0 V。

字符尺寸:2.95 mm×4.35 mm。

LCD1602液晶显示的指令说明见表11-2-1。

表 11-2-1　控制命令表

序号	指令	RS	R/W	D7	D6	D5	D4	D3	D2	D1	D0
1	清除显示	0	0	0	0	0	0	0	0	0	1
2	光标返回	0	0	0	0	0	0	0	0	1	*
3	设置输入模式	0	0	0	0	0	0	0	1	I/D	S
4	显示开/关控制	0	0	0	0	0	0	1	D	C	B
5	光标或字符移位	0	0	0	0	0	1	S/C	R/L	*	*
6	设置功能	0	0	0	0	1	DL	N	F	*	*
7	设置字符发生存储器地址	0	0	0	1	字符发生存储器地址					
8	设置数据存储器地址	0	0	1	显示数据存储器地址						
9	读忙标志或地址	0	1	BF	计数器地址						
10	写数到CGRAM(或DDRAM)	1	0	要写的数据内容							
11	从CGRAM(或DDRAM)读数	1	1	读出的数据内容							

【注意事项】

(1)实验操作中不要带电插拔导线,熟悉实验原理后,按照电路图连线,检查无误后,方可打开电源进行实验。

(2)严禁将电源对地短路。

【实验步骤】

(1)用导线将+5 V电源引入LCM模块电源接口上。

(2)按照接线示意图(如图11-2-1)连接好实验电路,检查无误后继续后面的步骤。

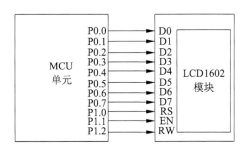

图 11-2-1　LCD1602 与 MCU 接线示意图

（3）使用 AB 型 USB 线连接 LCM 模块与 PC 机，打开 LCM 模块电源开关"POWER"。

（4）打开"STC_ISP_V486.exe"程序下载软件，选择"\LCM 模块烧录代码\LCD2.hex"，选择合适的 COM 口，同时设置最高波特率和最低波特率为相同的值，然后下载实验程序。

（5）实验程序下载完成后，观察实验现象。

（6）实验结束后，关闭 LCM 模块电源开关"POWER"，并拔掉连接线，整理实验设备。

【思考题】

MCU 单元和 LCD1602 模块各有什么特点？

实验三　LCD1602 数字时钟显示实验

【实验目的】

掌握 LCD1602 的显示原理及驱动设计方法。

【实验内容】

（1）实现基于 LCD1602 的数字时钟显示，并让时钟整点报警。

（2）通过键盘调整时钟参数。

【实验仪器】

（1）实验平台一台。

（2）LCM 模块一套。

（3）USB 连接线一根。

（4）连接导线若干。

【实验原理】

液晶显示的原理是利用液晶的物理特性，通过电压对其显示区域进行控制，有电就有显示，这样即可以显示出图形。液晶显示器具有厚度薄、适用于大规模集成电路直接驱动、易于实现全彩色显示的特点，目前已被广泛应用于便携式电脑、数字摄像机、PDA 移动通信工具等众多领域。

LCD1602 液晶显示的指令说明参见表 11-2-1。

【注意事项】

（1）实验操作中不要带电插拔导线，熟悉原理后，按照电路图连线，检查无误后，方可打开电源进行实验。

（2）严禁将电源对地短路。

【实验步骤】

（1）用导线将 +5 V 电源引入 LCM 模块电源接口上。

（2）按照图 11-3-1 接好实验电路，检查无误后继续后面的步骤。

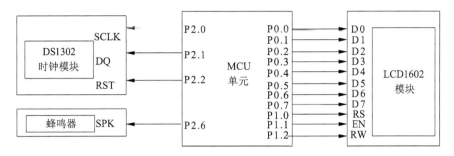

图 11-3-1　实验接线示意图

（3）使用 AB 型 USB 线连接 LCM 模块与 PC 机，打开 LCM 模块电源开关"POWER"。

（4）打开"STC_ISP_V486.exe"程序下载软件，选择"\LCM 模块烧录代码\LCD1602.hex"，再选择合适的 COM 口，同时设置最高波特率和最低波特率为相同的值，然后下载实验程序。实验程序流程图如图 11-3-2 所示。

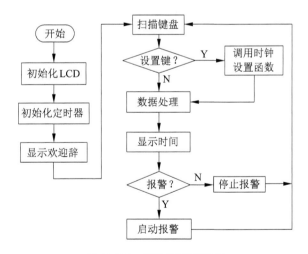

图 11-3-2　实验程序流程图

（5）实验程序下载完成后，观察实验现象。

（6）通过键盘重新设置时钟，各按键说明如下：

KEY1：设置键，用于切换到设置状态，接至单片机 P14 口；

KEY2：每按一次递加 1，用于调整当前位的数据（可循环设置），接至单片机 P15 口；

KEY3：用于设置位切换（可以循环切换），接至单片机 P16 口；

KEY4：用于退出设置状态，退出的同时设置生效，接至单片机 P17 口。

（7）时钟设置完毕后，观察实验现象。

（8）实验结束后，关闭 LCM 模块电源开关"POWER"，并拔掉连接线，整理实验设备。

【思考题】

实现按键切换时钟显示模式，分别以 12 小时制和 24 小时制进行时钟显示有何异同？

实验四　段码式数字时钟显示实验

【实验目的】

掌握 SMS0601 的显示原理及驱动设计方法。

【实验内容】

实现基于 SMS0601 段码屏的数字时钟显示。

【实验仪器】

（1）实验平台一台。

（2）LCM 模块一套。

（3）USB 连接线一根。

（4）连接导线若干。

【实验原理】

本实验的实验原理在本章其他实验中已有相关介绍，此处不再赘述。

【注意事项】

（1）实验操作中不要带电插拔导线，熟悉原理后，按照电路图连线，检查无误后，方可打开电源进行实验。

（2）严禁将电源对地短路。

（3）本实验数字时钟显示内容与本章实验三相关，因此建议实验三与实验四间隔时间较短，以免时钟芯片数据丢失。

【实验步骤】

（1）用导线将 +5 V 电源引入 LCM 模块电源接口上。

（2）按照图 11-4-1 接好实验电路，检查无误后继续后面的步骤。

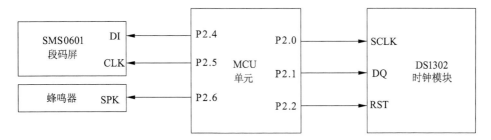

图 11-4-1　实验接线示意图

（3）使用 AB 型 USB 线连接 LCM 模块与 PC 机,打开 LCM 模块电源开关“POWER”。

（4）打开“STC_ISP_V486.exe”程序下载软件,选择“\LCM 模块烧录代码\SMS0601.hex”,再选择合适的 COM 口,同时设置最高波特率和最低波特率为相同的值,然后下载实验程序。实验程序流程图如图 11-4-2 所示。

（5）实验程序下载完成后,观察实验现象。

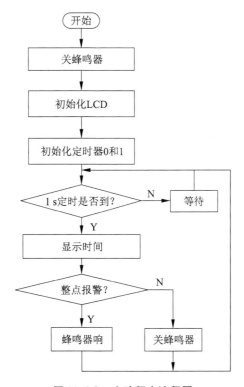

图 11-4-2　实验程序流程图

【思考题】

如何通过按键设置时钟?

第 十 二 章

VFD 特性测试及应用模块实验

（一）概述

真空荧光显示屏（vacuum fluorescent display，VFD）是从真空电子管发展而来的显示器件，由发射电子的阴极（直热式，统称灯丝）、加速控制电子流的栅极、玻璃基板上印有电极和荧光粉的阳极，以及栅网和玻盖构成。它利用电子撞击荧光粉，使得荧光粉发光，是一种自身发光显示器件。由于真空荧光显示屏可以多色彩显示，亮度高，又可以用低电压来驱动，易与集成电路配套，所以被广泛应用在家用电器、自动化办公设备、工业仪器仪表及汽车等各种领域中。真空荧光显示屏的基本工作原理与电子管相似。真空荧光显示屏是一种独特的显示器，因融合了新型材料、工艺和结构而获得，如低压发光的荧光物质（荧光粉）、一种超薄形金属片栅极、多层高密度高精度薄膜布线和一种盒式扁平的玻璃真空容器。

真空荧光显示屏（VFD）一般为真空三极管结构。外壳是低熔点玻璃粉熔封的平板玻璃，以玻盖和底面玻璃板形成开真空容器。玻璃壳内保持 $1.33 \times 10^{-4} \sim 1.33 \times 10^{-3}$ Pa 的真空，内置有阴极和阳极。荧光显示器内还置有吸气剂，以吸收屏内的残留气体及工作过程中零部件释放出来的气体，维持高真空。阴极发射的热电子，在阳、栅电压的加速下，一些电子被俘获，而通过栅极的电子撞击涂敷在阳极上的荧光粉，电子的一部分动能被荧光粉吸收，激发出光，没有被吸收的能量以热的形式辐射到外面。阳极电压 U_a 和栅极电压 U_g 相等时，由于空间电荷效应，阳极电流 I_a 与阳极电压 U_a 的 3/2 次方（实际上约为 $U_a^{1.7}$）成正比，而与阴极到栅极之间的距离 d 的平方（d^2）成反比。因此，荧光显示屏的亮度 $L(cd/m^2)$ 可用公式 $L = K(1/d)^2 \cdot D_u \cdot n \cdot U_a^{2.7}$ 表示，其中 K 为常数，D_u 为驱动脉冲的占空系数，n 为荧光粉的发光效率。

1. 玻盖

荧光显示器的玻盖是由前面玻璃和玻框组成的。这样，显示器外壳实际上是由前面玻璃、底面玻璃板和介于两者之间的玻框组成，用低玻粉封接成密封的玻璃壳。为防止外部的静电感应影响显示器显示，在显示器前面玻璃的内表面涂敷有透明的导电膜，通过透明导电膜端子连接，使它保持阴极电位或地电位。

由于荧光显示屏内部是高真空，整个屏通常是暴露在大气压(1.013×10^5 Pa)下的，因此玻壳必须有足够的强度。荧光显示屏用的平板玻璃，一般选用碱石灰浮法玻璃。它除了要有好的透光性，可透过可见光的所有波长，透光率必须在 85% 以上，有良好的平整性，厚薄均匀一致，还要考虑足够的机械强度。碱石灰玻璃（钠钙硅玻璃）的弹性模量 $E = 676.2 \times 10^8$ Pa，其理论抗折强度为 135.2×10^8 Pa。但是在玻璃的制造过程中形成的微小格里菲斯裂纹和玻璃加工过程中表面的损伤，使玻璃的强度大为降低，通常玻璃的扩张强度在 $34.3 \times 10^6 \sim 83.3 \times 10^6$ Pa 之间。而实际上用作窗户玻璃的抗折强度只有 68.6×10^5 Pa。为了更安全起见，应把荧光显示器应力控制得更小。在设计荧光显示屏时，要根据荧光显示屏的大小来确定玻璃厚度、玻框厚度和增强用玻璃支柱的配置等。

由于荧光显示屏特定的封接工艺温度低于 500 ℃，且要求低熔点玻璃粉的热膨胀系数与玻板的热膨胀系数相匹配，所以通常选用混合型低玻粉。混合型低玻粉在加热熔封过程中不析晶，因此流动浸润性能好，容易形成良好的黏接和真空密封。在熔封前后本身没有明显的热膨胀系数变化，封接应力固定，且工艺比较简单。前面玻璃内表面的透明导电膜种类有用磁控溅射方法生成的 ITO 膜，也有用化学气相沉积法形成的氧化锡膜。

2. 阳极基板

荧光显示屏把玻壳的底面玻璃板作为阳极基板。通常阳极是由石墨组成，其上敷有一层印刷字符图形的低压荧光粉。连接阳极图形和引出线的导电线路是厚膜印刷的银线路，或是薄膜印刷的铝线路。在导电线路上面的绝缘层中埋入能导电的通孔点子，使阳极图形与对应的导电线路相连。通孔点子、石墨阳极、荧光粉分别用丝网印刷后烧结而成。厚膜印刷的银电路布线是丝网印刷银浆后烧结而成的，考虑到批量生产时产品的合格率，最小线宽为 0.2 mm 左右。薄膜光刻的铝线路布线是先用磁控溅射的方法在玻璃基板上镀上铝膜后，再用光刻技术形成 0.02 mm 的宽铝线路。薄膜光刻的铝布线技术促进了 VFD 显示内容的高密度化。

3. 阴极

在阳极基板上面安装着一组互相平行的直热式细丝氧化物阴极（灯丝），由于灯丝做得很细（几十微米），所以不会挡住视线，为不妨碍显示，灯丝的工作温度通常在 600 ~ 650 ℃。灯丝采用能发射足够电子的 Ba、Sr、Ca 三元氧化物热电子发射物质。因为灯丝工作温度低，热电子发射物质蒸发也少，更加延长了荧光显示屏的寿命。

荧光显示屏的芯金属是直径为 10 ~ 30 μm 的钨丝，涂层是疏松多孔的 Ba、Sr、Ca 氧化物。但这些氧化物在空气中易吸收水而生成发射能力很差的氢氧化物，因此不能用作制造过程中的原材料，而用在空气中的三元碳酸盐分解成氧化物。同时，一部分 BaO 和 W 作用，还原生成自由（盈余）Ba，形成浅的施主能级，这就是所谓的电子发射源。该氧化物阴极的功函数极低，为 0.9 ~ 1.0 eV，即使在 600 ~ 650 ℃ 的实际工作温度下，也具有 2 ~ 2.5 A/cm^2 的发射能力。

在荧光显示屏中，通过能吸收灯丝热膨胀伸长的灯丝弹簧支架拉紧灯丝。然后这些灯丝弹簧支架通过引出线实现与外部的电气连接。在荧光显示屏工作时,灯丝温度由灯丝获(冷端)温度降低外,整个区域温度是均匀的。由于涂层电阻和中间层电阻的存在,尽管阴极有较小的逸出功和较大的发射率,但考虑到阴极 Ba 的蒸发、发射的寿命和驱动条件等,阴极的发射功率由加热功率和消耗功率之间的动态平衡决定。由于热传导,除在灯丝支架附近射电流密度大多使用在 $0.5\ \text{A/cm}^2$ 以下,远小于它的发射能力。

4. 栅极

在灯丝和阳极基板之间安装有蜂房状栅极,加速和控制从灯丝发射出来的热电子,同时具有均匀地将电子扩散到整个阳极的作用,为了不影响显示,功耗尽可能小,栅极一般采用厚度为 $50\ \mu\text{m}$ 的不锈钢带,通过光刻做成线宽为 $20\sim30\ \mu\text{m}$、边长为 $0.2\ \text{mm}$ 左右的正六角形网络。为了固定栅极,并与对应的引出线相连,往往采用导电浆料,将栅极直接固定在阳极基板对应的通孔点子上。把固栅浆料调和成合适的黏度,通过丝网印刷或滴注器滴注,将它涂敷在规定部位,然后放入成型好的栅极,烧结固定。对于固栅浆料,要求导电性能好,黏结力强,烧结后的热膨胀系数应与玻璃基板或栅极的热膨胀系数相匹配,以尽量减少固栅时产生的应力。

栅极材料主要采用 SUS430 或 426 合金($42\text{Ni}_6\text{Cr}_5\text{Fe}_2$)。SUS430 在不锈钢中是热膨胀系数($110\times10^{-7}℃^{-1}$)比较小的一种,而且热传导率较高,价格便宜。426 合金的热膨胀系数与玻璃基板的热膨胀系数相匹配,固栅后没有残余应力。从室温到 $250\ ℃$ 范围内,因热膨胀系数小,426 合金能减小荧光显示屏工作中的栅极发热所引起的伸长和变形问题。所以高亮度荧光显示屏更适合用 426 合金制作栅极。

5. 阵列

引出线阵列通常也称为阵列,其作用是将荧光显示屏内部的荧光粉图形、栅极、灯丝与外部电气相连接,引出线阵列通过低玻粉封接在玻盖和阳极基板之间,为了保证荧光显示屏在制造和使用过程中维持高真空,密封不漏气,要求引出线阵列的热膨胀系数和玻板、低玻粉的热膨胀系数相匹配,且与低玻粉的黏结性能良好。此外,还要求在存储或工作期间的温度范围内不发生相变(相变会引起体积效应,使封接应力大大增加),并且有良好的导电性、导热性,以及冲制、点焊等工艺性能。426 合金就能达到这些要求,是比较理想的阵列材料。426 合金是一种定膨胀合金,也称为封接合金。其热膨胀曲线大约为 $350\ ℃$,与碱石灰玻璃的热膨胀曲线相交。因此,在该温度附近使封接玻璃黏合,返回到室温下无残余应力。

将阵列在湿气中进行热处理(预氧化),可在其表面获得牢固致密的 Cr_2O_3 层。在低玻粉熔封时,部分金属氧化物($\text{Fe}_3\text{O}_4+\text{Cr}_2\text{O}_3$)熔入封接界面的低玻粉中,形成封接过渡层,便可获得高强度、气密性封接。

6. 荧光粉

荧光粉显示屏使用的荧光粉通常称为低速电子束激发荧光粉,也称为低压荧光粉,用 $100\ \text{V}$ 以下的加速电压就可以得到使用亮度。由于电子束能量低、穿透能力小,所以不能像 CRT 那样的金属背面处理,在低能电子的激发下,发光材料的二次电子发射比通常小于 1,因此,发光层本身必须具有低阻抗,否则它将迅速充电,产生拒斥电场,从而发光亮度下降,甚至完全熄灭。在 VFD 开发初期,能满足条件的荧光粉只有绿色的 ZnO:Zn 荧光粉。ZnO:Zn 荧光粉本身电阻低,能被能量仅仅只有几电子伏特的电子激发发光。后来开发的其他彩色荧光粉,一般母体的电阻率较高,所以往往通过掺入导电率高的材料,如掺入 In_2O_3,使整个荧光粉的电阻率降低,成为低压荧光粉。

现在,VFD 中的荧光粉大致可分为两类:自身是低阻抗的荧光粉 ZnO:Zn 和荧光粉中掺入导电性物质的 ZnO:S、Ag + In_2O_3 等。

绿色荧光粉是非常稳定的氧化物,发光效率也比较高,而其他的荧光粉是较不稳定的硫化物。当荧光显示屏使用硫化物荧光粉时,影响低速电子束激发发光效率的主要因素有表面污染,空气烧结所造成的氧化、分解、结晶、畸变等。电子束被激发时,释放的硫化物气体和分解飞散的荧光粉物质,容易造成灯丝污染和荧光粉发光效率降低。因此,发光色为绿色(峰值波长为 505 nm)的低工作电压的 ZnO:Zn 是目前被广泛使用的荧光粉。通过改变荧光粉的种类,可以获得自红橙色到蓝色中的各种不同颜色。

(二) 真空荧光显示屏(VFD)的工作原理

真空荧光显示屏(VFD)种类繁多,以其中被广泛应用的三极管构造为例说明其基本构造与原理。图 12-0-1 是 VFD 结构的分解斜视图,图 12-0-2 为其剖面图。VFD 的构造以玻盖和基板形成一个真空容器,在真空容器内以阴极(即灯丝)、栅极及阳极为基本电极,还有一些其他的零件,如消气剂等。

灯丝是在不妨碍显示的极细钨丝芯线上,涂敷上 Ba、Sr、Ca 的氧化物(三元碳酸盐),再以适当的张力安装在灯丝支架(固定端)与弹簧支架(可动端)之间,在两端加上规定的灯丝电压,使阴极温度达到 600 ℃左右而放射热电子。

栅极也是在不妨碍显示的原则下,在不锈钢等薄板予以光刻蚀后成型的金属网格上加上正电压,可加速并扩散自灯丝放射出来的电子,将之导向阳极;相反地,如果加上负电压,则能拦阻游向阳极的电子,使阳极消光。

阳极是指在形成大致显示图案的石墨等导体上,根据显示图案的形状印刷荧光粉,在其上加上正电压后,因前述栅极的作用而加速,扩散的电子将会互相冲击从而激发荧光粉,使之发光。

除了以上 3 种基本电极之外,在玻璃盖内表面可形成透明导电膜,接上灯丝电位或正电位,形成的静电屏蔽层可以防止因外部静电的影响而降低显示品质。图 12-0-1 中的消气剂是维持真空的重要零件。在排气工程的最后阶段,可利用高频产生的涡流损耗对消气剂加热,在玻璃盖的内表面形成钡的蒸发膜,可用来进一步吸收管内的残留气体。

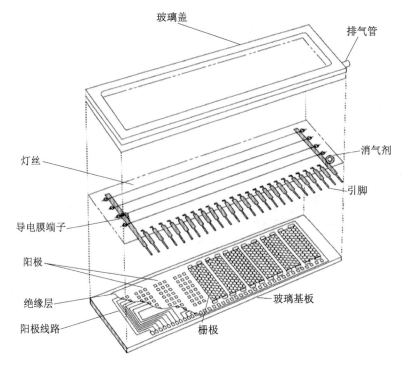

图 12-0-1　VFD 结构的分解斜视图

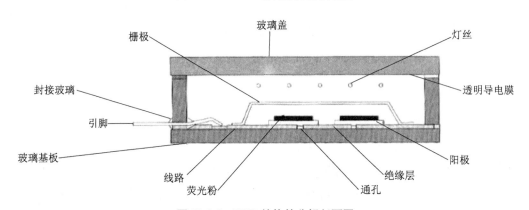

图 12-0-2　VFD 结构的分解剖面图

实验一　VFD 静态显示实验

【实验目的】

（1）了解 VFD 显示原理。

（2）熟悉 VFD 静态显示。

【实验内容】

VFD 静态显示实验。

【实验仪器】

（1）实验平台一台。

（2）VFD 特性测试及应用模块一套。

（3）万用表一个。

（4）连接导线若干。

（5）USB 连接线一根。

【实验原理】

VFD 驱动显示包含三部分：灯丝（阴极）、栅极、阳极。

VFD 显示原理如图 12-1-1 所示。

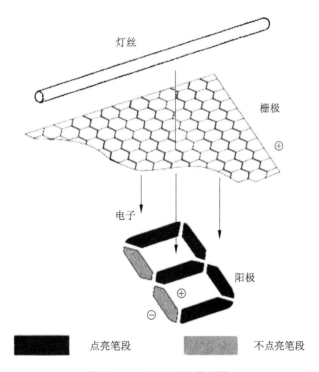

图 12-1-1　VFD 显示原理图

【注意事项】

（1）实验过程中严禁短路现象的发生。

（2）实验操作应严格按照实验指导书或在老师的指导下进行。

（3）旋转各调节旋钮时应缓慢、均匀用力。

【实验步骤】

（1）将"VFD.hex"文件烧录到模块，具体操作如下：

在 PC 机上安装串口转 USB 驱动（注：建议为 Windows XP 操作系统所用）和程序烧录工具"STC_ISP"，如图 12-1-2 所示。

图 12-1-2　PC 机上安装驱动和程序烧录工具

将机器代码"VFD.hex"用程序烧录工具"STC_ISP"下载到单片机。

注意：若电脑上没安装"PL2303HX USB 转串口驱动程序"，可能会导致调试失败，所以，应该在调试前先安装此驱动，且驱动程序必须与 PC 及操作系统对应。此处以 Windows XP 系统为例，打开名为"PL2303HXA USB 转串口驱动程序"的文件夹，找到图 12-1-3 所示的程序。

图 12-1-3　串口驱动程序打开界面

双击执行该程序，若以前安装过，单击"下一步"，如图 12-1-4 所示。

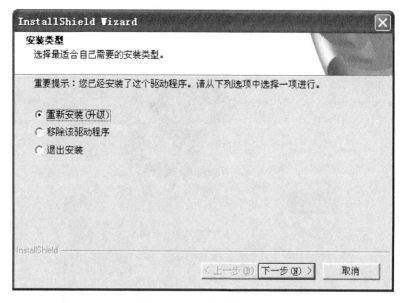

图 12-1-4　安装界面提示

若以前没有安装过该程序则选择"安装"，然后单击"下一步"，如图 12-1-5 所示。

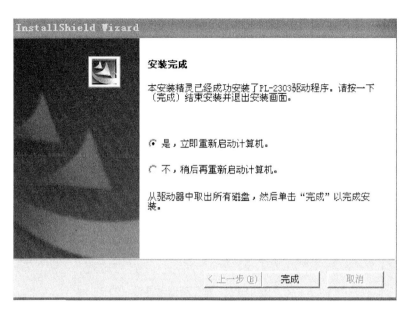

图 12-1-5　安装完成界面

安装完成后点击"完成",重启电脑。完成上述步骤后用 USB 线将电路板与电脑连接,选择"我的电脑"图标,点击右键,选择"属性/硬件/设备管理器",如图 12-1-6 和图12-1-7 所示。

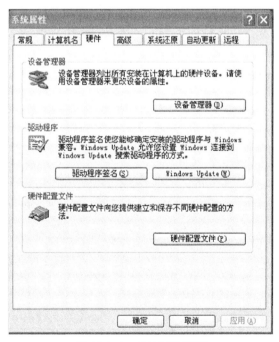

图 12-1-6　系统属性界面

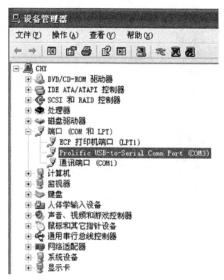

图 12-1-7　设备管理器界面

点击"端口(COM 和 LPT)",记下"Prolific USB－to－Serial Comm Port(COM3)"中括号内对应的 COM 端口(此处为 COM3)。完成上述软件安装后,用 USB 线将实验板与电脑连接,打开程序烧录软件"STC_ISP.exe",此时芯片选择(MCU Type)为"STC12C5A60S2"(此处与所选用的 MCU 对应),点击软件左上方的"打开程序文件"按钮,在程序文件夹中选中要下载的.hex 文件,将其载入;Step3/步骤 3 中设置的 COM 与"端口(COM 和 LPT)",与所记下的"Prolific USB－to－Serial Comm Port(COM3)"中括号内对应的 COM 端口(此处为 COM3)一致,其他设置如图 12-1-8 所示。

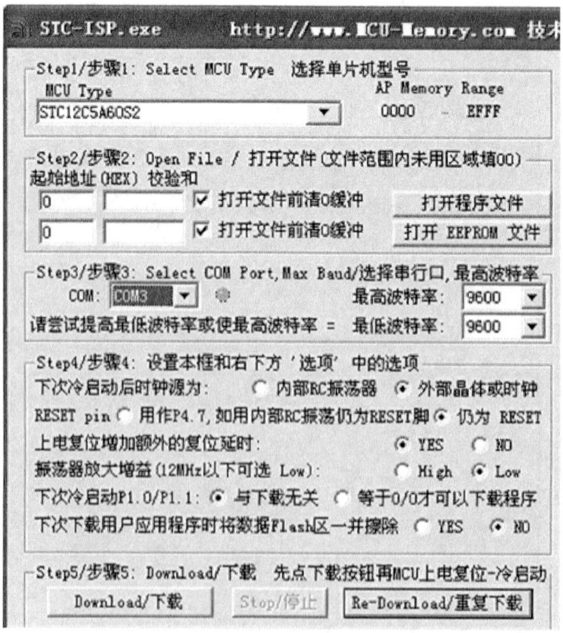

图 12-1-8　程序烧录软件界面

再点击按钮"Download/下载",给 MCU 上电,程序将被下载到单片机中。

单片机烧录"VFD. hex"文件后,关闭模块电源,进行接线,接线方式如下:

+5 V 电源"正"	接	+5 V(J1)
+5 V 电源"负"	接	GND(J2)
24 V 电源"正"	接	阳/栅极电源 0 ~ 24 V(J10)
24 V 电源"负"	接	GND(J2)
阴极输入 1(J9)	接	GND(J2)
灯丝驱动单元的" + "(J13)	接	阴极公共输入(J4)
灯丝驱动单元的" – "(J14)	接	阴极输入 1(J9)

注:24 V 电源采用实验平台上提供的 0 ~ 30 V 可调电源,电源调节好后严禁实验过程中触碰 0 ~ 30 V 可调电源旋钮,以免不小心改变电压,造成实验设备损坏。实验过程中可用万用表监测 24 V 电源电压。

(2) 将 VFD 单元的 20 个短路块都连接至"单片机驱动"端。

(3) 打开电源开关,系统检测完毕后按动"模式切换"按钮使系统工作在模式 1,观察实验现象。

(4) 缓慢均匀调节"灯丝电流调节"旋钮,观察实验现象。

(5) 关闭电源,将灯丝驱动单元的" – "连接线拔出,接至阴极输入 2(J11)。

重复以上实验步骤,观察实验现象。

【思考题】

说明上述实验步骤(4)中的实验现象差异,思考出现这种差异的原因。

实验二　VFD 动态显示实验

【实验目的】

(1) 了解 VFD 显示原理。

(2) 熟悉 VFD 动态显示。

【实验内容】

VFD 动态显示实验。

【实验仪器】

(1) 实验平台一台。

（2）VFD 特性测试及应用模块一套。

（3）万用表一个。

（4）连接导线若干。

（5）USB 连接线一根。

【实验原理】

VFD 驱动显示包含三部分:灯丝（阴极）、栅极、阳极,其显示原理同本章实验一。

动态显示采用 AD 检测扫描调节旋钮电压值,设置可变显示扫描频率,实现动态扫描显示。当频率增加到人眼无法识别时,实现扫描显示。实验显示的内容需按照 VFD 显示预设编码,显示编码参考图如图 12-2-1 所示。

	1G	2G	3G	4G	5G	6G	7G	8G
P1	a	a	a	a	a	a	a	a
P2	f	f	f	f	f	f	f	f
P3	h	h	h	h	h	h	h	h
P4	j	j	j	j	j	j	j	j
P5	k	k	k	k	k	k	k	k
P6	b	b	b	b	b	b	b	b
P7	g	g	g	g	g	g	g	g
P8	s	s	s	s	s	s	s	s
P9	m	m	m	m	m	m	m	m
P10	e	e	e	e	e	e	e	e
P11	r	r	r	r	r	r	r	r
P12	p	p	p	p	p	p	p	p
P13	n	n	n	n	n	n	n	n
P14	c	c	c	c	c	c	c	c
P15	d	d	d	d	d	d	d	d
P16	Dp	Dp	Dp	Dp	Dp	Dp	Dp	⌁
P17				col		col		TXT
P18	⏻	○	○	▷	‖		▭▭▭	HD
P19						🕐	$	EPG
P20								SUB

图 12-2-1　VFD 显示编码参考图

【注意事项】

（1）实验过程中严禁短路现象的发生。

（2）实验操作应严格按照实验指导书或在老师的指导下进行。

（3）旋转各调节旋钮时应缓慢、均匀用力。

【实验步骤】

（1）将"VFD.hex"文件烧录到模块（具体操作参考本章实验一，如果已经烧录了该文件则进行下一步）。

（2）关闭模块电源，进行接线，接线方式如下：

+5 V 电源"正"	接	+5 V（J1）
+5 V 电源"负"	接	GND（J2）
24 V 电源"正"	接	阳/栅极电源 0～24 V（J10）
24 V 电源"负"	接	GND（J2）
阴极输入 1（J9）	接	GND（J2）
灯丝驱动单元的"＋"（J13）	接	阴极公共输入（J4）
灯丝驱动单元的"－"（J14）	接	阴极输入 1（J9）

注：24 V 电源采用实验平台上提供的 0～30 V 可调电源，电源调节好后严禁实验过程中触碰 0～30 V 可调电源旋钮，以免不小心改变电压，造成实验设备损坏。实验过程中可用万用表监测 24 V 电源电压。

（2）将 VFD 单元的 20 个短路块都连接至"单片机驱动"端。

（3）打开电源开关，系统检测完毕后按动"模式切换"按钮使系统工作在模式 6，观察实验现象。

（4）缓慢均匀调节"灯丝电流调节"旋钮，观察实验现象。

（5）缓慢均匀调节"扫描调节"旋钮，观察实验现象。

【思考题】

（1）动态扫描显示的原理是什么？

（2）若 VFD 屏较长，则可能出现什么现象？该如何处理？

实验三　VFD 电压—亮度测试实验

【实验目的】

了解 VFD 显示亮度。

【实验内容】

VFD 电压—亮度测试实验。

【实验仪器】

（1）实验平台一台。

（2）VFD 特性测试及应用模块一套。

（3）万用表一个。

（4）连接导线若干。

（5）USB 连接线一根。

【实验原理】

通过外接可调电源,调节"阳/栅极电源"电压(0～24 V),并记录阳极、栅极电压和 VFD 的照度值。

【注意事项】

（1）实验过程中严禁短路现象的发生。

（2）实验操作应严格按照实验指导书进行或在老师的指导下进行。

（3）旋转各调节旋钮时应缓慢、均匀用力。

【实验步骤】

（1）将"VFD. hex"文件烧录到模块(具体操作参考本章实验一,已烧录该文件则进行下一步)。

（2）关闭模块电源,进行接线,接线方式如下:

+5 V电源"正"	接	+5 V(J1)
+5 V电源"负"	接	GND(J2)
24 V电源"正"	接	阳/栅极电源 0～24 V(J10)
24 V电源"负"	接	GND(J2)
阴极输入1(J9)	接	GND(J2)
灯丝驱动单元的"＋"(J13)	接	阴极公共输入(J4)
灯丝驱动单元的"－"(J14)	接	阴极输入2(J11)

注:24 V 电源采用实验平台上提供的0～30 V可调电源,实验开始前先将该电源电压值调到最小,实验过程中电源电压值勿超过24 V,以免造成实验设备损坏。实验过程中可用万用表监测24 V电源电压。

（3）将 VFD 单元的20个短路块都连接至"单片机驱动"端。

（4）打开电源开关,调节"灯丝电流调节"旋钮,使得"灯丝输出电流"为100 mA。系统检测完毕后按动"模式切换"按钮使系统工作在模式2(VFD 第二栅全亮)。

（5）将照度计套筒(硅光电池套筒)贴近 VFD 屏上的发光部分,并用实验连接线将照度计套筒接至实验平台(或仪表模块)的照度计(照度计先调零后供电工作)。

（6）缓慢调节 0～24 V 电源调节旋钮(电压值勿超过 24 V),用电压表监测 0～24 V 电源电压,观察照度计读数变化,并将对应的数据填入表 12-3-1。

表 12-3-1　实验数据

0～24 V 电源电压/V	0.5	1.0	1.5	2.0	2.5	3.0	3.5	4.0	4.5	5.0	5.5	6.0
照度计读数/lx												
0～24 V 电源电压/V	6.5	7.0	7.5	8.0	8.5	9.0	9.5	10.0	10.5	11.0	11.5	12.0
照度计读数/lx												
0～24 V 电源电压/V	12.5	13.0	13.5	14.0	14.5	15.0	15.5	16.0	16.5	17.0	17.5	18.0
照度计读数/lx												
0～24 V 电源电压/V	18.5	19.0	19.5	20.0	20.5	21.0	21.5	22.0	22.5	23.0	23.5	24.0
照度计读数/lx												

【思考题】

比较 VFD 的显示亮度与其他显示器件的显示亮度。

实验四　VFD 阴极电流—亮度测试实验

【实验目的】

了解 VFD 阴极电流对其显示亮度的影响。

【实验内容】

VFD 阴极电流—亮度测试实验。

【实验仪器】

（1）实验平台一台。

（2）VFD 特性测试及应用模块一套。

（3）万用表一个。

（4）连接导线若干。

（5）USB 连接线一根。

【实验原理】

通过"灯丝电流调节"旋钮,在其他显示条件不变的情况下,调节"灯丝输出电流"的大小,并记录阴极电流值和 VFD 的照度值。

【注意事项】

(1)实验过程中严禁短路现象的发生。

(2)实验操作应严格按照实验指导书或在老师的指导下进行。

(3)旋转各调节旋钮时应缓慢、均匀用力。

【实验步骤】

(1)将"VFD.hex"文件烧录到模块(具体操作参考本章实验一,已烧录该文件则进行下一步)。

(2)关闭模块电源,进行接线,接线方式如下:

+5 V 电源"正"	接	+5 V(J1)
+5 V 电源"负"	接	GND(J2)
24 V 电源"正"	接	阳/栅极电源 0~24 V(J10)
24 V 电源"负"	接	GND(J2)
阴极输入 1(J9)	接	GND(J2)
灯丝驱动单元的"+"	接	电流表"+"
电流表"-"	接	阴极公共输入(J4)
灯丝驱动单元的"-"	接	阴极输入 2(J11)

注:24 V 电源采用实验平台上提供的 0~30 V 可调电源,电源调节好后严禁实验过程中触碰 0~30 V 可调电源旋钮,以免不小心改变电压,造成实验设备损坏。实验过程中可用万用表监测 24 V 电源电压。

(3)将 VFD 单元的 20 个短路块都连接至"单片机驱动"端。

(4)打开电源开关,系统检测完毕后按动"模式切换"按钮使系统工作在模式 2。

(5)将照度计套筒(硅光电池套筒)贴近 VFD 屏上的发光部分,并用实验连线将照度计套筒接至实验平台(或仪表模块)的照度计(照度计先调零后供电工作)。

(6)缓慢调节"灯丝电流调节"旋钮,使得"灯丝输出电流"为 0~100 mA,并将对应数据填入表 12-4-1。

灯丝输出 电流/mA	15	20	25	30	35	40	45	50	55
照度计读数/lx									
灯丝输出 电流/mA	60	65	70	75	80	85	90	95	100
照度计读数/lx									

【思考题】

在其他条件不变时,VFD 的亮度随着阴极电流如何变化?

实验五　VFD 阴极电流—电压测试实验

【实验目的】

了解 VFD 阴极电流—电压特性。

【实验内容】

VFD 阴极电流—电压测试实验。

【实验仪器】

(1) 实验平台一台。

(2) VFD 特性测试及应用模块一套。

(3) 万用表一个。

(4) 连接导线若干。

(5) USB 连接线一根。

【实验原理】

通过"灯丝电流调节"旋钮,在其他显示条件不变的情况下,调节"灯丝输出电流"的大小,并记录阴极电流值和电压值。

【注意事项】

(1) 实验过程中严禁短路现象的发生。

(2) 实验操作应严格按照实验指导书或在老师的指导下进行。

（3）旋转各调节旋钮时应缓慢、均匀用力。

【实验步骤】

（1）将"VFD.hex"文件烧录到模块（具体操作参考本章实验一，已烧录该文件则进行下一步）。

（2）关闭模块电源，进行接线，接线方式如下：

+5 V电源"正"	接	+5 V(J1)
+5 V电源"负"	接	GND(J2)
24 V电源"正"	接	阳/栅极电源 0~24 V(J10)
24 V电源"负"	接	GND(J2)
阴极输入1(J9)	接	GND(J2)
灯丝驱动单元的"+"	接	阴极公共输入(J4)
灯丝驱动单元的"-"	接	阴极输入2(J11)

注：24 V电源采用实验平台上提供的0~30 V可调电源，电源调节好后严禁实验过程中触碰0~30 V可调电源旋钮，以免不小心改变电压，造成实验设备损坏。实验过程中可用万用表监测24 V电源电压。

（3）将VFD单元的20个短路块都连接至"单片机驱动"端。

（4）打开电源开关，系统检测完毕后按动"模式切换"按钮使系统工作在模式2。

（5）缓慢调节"灯丝电流调节"旋钮，使得"灯丝输出电流"为0~100 mA（可用平台电流表或仪表模块电流表监测），同时用万用表监测"阴极公共输入(J4)"和"阴极输入2(J11)"两端的电压（VFD阴极电压），并将对应数据填入表12-5-1。

表12-5-1 实验数据

灯丝输出 电流/mA	15	20	25	30	35	40	45	50	55
阴极电压/V									
灯丝输出 电流/mA	60	65	70	75	80	85	90	95	100
阴极电压/V									

【思考题】

在其他条件不变时，VFD的阴极电压随着阴极电流如何变化？对应的VFD显示亮度如何变化？

实验六　VFD 阳极、栅极特性测试实验

【实验目的】

(1) 掌握 VFD 阳极、栅极电压测试方法。

(2) 了解阳极、栅极电压对 VFD 显示亮度的影响。

【实验内容】

VFD 阳极、栅极特性测试实验。

【实验仪器】

(1) 实验平台一台。

(2) VFD 特性测试及应用模块一套。

(3) 万用表一个。

(4) 连接导线若干。

(5) USB 连接线一根。

【实验原理】

通过外接可调电源,调节"阳/栅极电源"电压(0 ~ 24 V),从而改变 VFD 阳极、栅极电压,并记录阳极、栅极电压和 VFD 的照度值。

【注意事项】

(1) 实验过程中严禁短路现象的发生。

(2) 实验操作应严格按照实验指导书或在老师的指导下进行。

(3) 旋转各调节旋钮时应缓慢、均匀用力。

【实验步骤】

(1) 将"VFD. hex"文件烧录到模块(具体操作参考本章实验一,已烧录该文件则进行下一步)。

(2) 关闭模块电源,进行接线,接线方式如下:

+5 V 电源"正"	接	+5 V(J1)
+5 V 电源"负"	接	GND(J2)
24 V 电源"正"	接	阳/栅极电源 0~24 V(J10)
24 V 电源"负"	接	GND(J2)
阴极输入 1(J9)	接	GND(J2)
灯丝驱动单元的"＋"	接	阴极公共输入(J4)
灯丝驱动单元的"－"	接	阴极输入 2(J11)

注:24 V 电源采用实验平台上提供的 0~30 V 可调电源,实验开始前先将该电源电压值调到最小,实验过程中电压值勿超过 24 V,以免造成实验设备损坏。实验过程中可用万用表监测 24 V 电源电压。

（3）将 VFD 单元的 20 个短路块都连接至"单片机驱动"端。

（4）打开电源开关,调节"灯丝电流调节"旋钮,使得"灯丝输出电流"为 100 mA。系统检测完毕后按动"模式切换"按钮使系统工作在模式 2。

（5）将照度计套筒（硅光电池套筒）放置于 VFD 屏上的"圆框"中,并用实验连接线将照度计套筒接至实验平台（或仪表模块）的照度计（照度计先调零后供电工作）。

（6）缓慢调节 0~24 V 电源调节旋钮（电压值勿超过 24 V）,用电压表监测"阳极测试(J7)"和"栅极测试(J8)",观察照度计读数变化,并将对应数据填入表 12-6-1。

表 12-6-1　实验数据

电源电压/V	0.5	1.0	1.5	2.0	2.5	3.0	3.5	4.0	4.5	5.0	5.5	6.0
阳极测试电压/V												
栅极测试电压/V												
照度计读数/lx												
电源电压/V	6.5	7.0	7.5	8.0	8.5	9.0	9.5	10.0	10.5	11.0	11.5	12.0
阳极测试电压/V												
栅极测试电压/V												
照度计读数/lx												
电源电压/V	12.5	13.0	13.5	14.0	14.5	15.0	15.5	16.0	16.5	17.0	17.5	18.0
阳极测试电压/V												
栅极测试电压/V												
照度计读数/lx												
电源电压/V	18.5	19.0	19.5	20.0	20.5	21.0	21.5	22.0	22.5	23.0	23.5	24.0
阳极测试电压/V												
栅极测试电压/V												
照度计读数/lx												

【思考题】

（1）阳极、栅极电压值随着 0 ~ 24 V 可调电源电压如何变化？

（2）在其他条件不变时，VFD 的亮度随着阳极、栅极电压如何变化？

实验七 VFD 占空比测试实验

【实验目的】

（1）了解 VFD 专用驱动 IC 接口。

（2）掌握 VFD 占空比测试。

【实验内容】

VFD 占空比测试实验。

【实验仪器】

（1）实验平台一台。

（2）VFD 特性测试及应用模块一套。

（3）万用表一个。

（4）示波器一台。

（5）连接导线若干。

（6）USB 连接线一根。

【实验原理】

（1）VFD 专用 IC 驱动（HT16512）接口说明如表 12-7-1 所示。

表 12-7-1 HT16512 接口说明

引脚编号	符号	I/O	功能
1 ~ 4	SW0 ~ SW3	I	4 比特通用输入口。 无论是否用引脚，都应该连接到 VDD 或者 VSS。
5	DO	O	输出串联数据在切换时钟的下降沿，从低阶比特开始。这是 NMOS 漏极开路输出引脚。
6	DI	I	输入串联数据在切换时钟的上升沿，从低阶比特开始。

引脚编号	符号	I/O	功能
7、43	VSS	—	负电源供电,接地。 VSS(引脚7和引脚43)应接地。
8	CLK	I	在上升沿读取串联数据,在下降沿读取输出数据。
9	$\overline{\text{CS}}$	I	将HT16512的上升沿或下降沿的串接界面初始化。然后等待接收指令。CS下降后的数据输入作为一个指令处理。当指令数据处理后,停止当前处理过程,并且初始化串接界面。当CS较高时,忽略CLK。
10~13	K0~K3	I	向这些引脚键入的数据锁定在显示循环的终端。
14、38	VDD	—	正电源供电。
15~20	S0/K0~S5/K5	O	部分或关键源输出引脚(双向功能)。这是PMOS漏极开路和低拉升电阻输出。
21~25	S6~S10	O	部分驱动器输出引脚(仅部分)。这是PMOS漏极开路和低拉升电阻输出。
26、28~31	S11/G10~S15/G6	O	部分或网格驱动器输出引脚。这些引脚是部分可选或网格驱动。这是PMOS漏极开路和低拉升电阻输出。
27	VEE	—	VFD电源。
37~32	G0~G5	O	网格驱动器输出引脚(仅网格)。这是PMOS漏极开路和低拉升电阻输出。
42~39	LED0~LED3	O	LED驱动器输出口。这是CMOS输出引脚。
44	OSC	I	连接到外部电阻或一个RC谐振器电路。

(2)HT16512时序说明如图12-7-1所示。

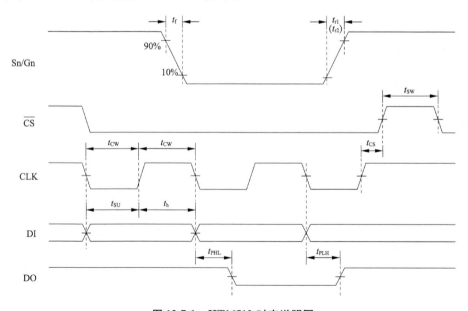

图 12-7-1　HT16512 时序说明图

（3）HT16512 通过修改控制命令,改变栅极控制占空比来控制不同栅数的 VFD 显示。

【注意事项】

（1）实验过程中严禁短路现象的发生。

（2）实验操作应严格按照实验指导书或在老师的指导下进行。

（3）旋转各调节旋钮时应缓慢、均匀用力。

【实验步骤】

（1）将"HT16512.hex"文件烧录到模块(具体操作参考本章实验一,已烧录该文件则进行下一步)。

（2）关闭模块电源,进行接线,接线方式如下:

+5 V 电源"正"	接	+5 V(J1), +5 V(J19)
+5 V 电源"负"	接	GND(J2)
24 V 电源"正"	接	GND(J18)
24 V 电源"负"	接	-24 V(J17)
-24 V(J17)	接	阴极输入 2(J11)
灯丝驱动单元的"＋"	接	阴极公共输入(J4)
灯丝驱动单元的"－"	接	阴极输入 2(J11)

注:24 V 电源采用实验平台上提供的 0~30 V 可调电源,电源调节好后严禁实验过程中触碰 0~30 V 可调电源旋钮,以免不小心改变电压,造成实验设备损坏。实验过程中可用电压表监测 24 V 电源电压。

（3）将 VFD 单元的 20 个短路块都连接至"专用 IC 驱动"端。

（4）打开电源开关,调节"灯丝电流调节"旋钮,使得"灯丝输出电流"为 100 mA(可用万用表监测电流)。

（5）按动"模式切换"按钮使系统工作在模式1,观察实验现象。

（6）用示波器测量栅极接口 1(J8)的波形,并测量信号的占空比。

【思考题】

（1）MCU 与 VFD 专用 IC 之间如何进行通讯?

（2）查阅相关资料,思考 VFD 专用 IC 驱动 VFD 有几种方式?

（3）如何用示波器测量 MCU 与 VFD 专用 IC 间的控制命令?

实验八　VFD 的 H 桥驱动显示设计实验

【实验目的】

（1）了解 VFD 阴极驱动方式。

（2）掌握 VFD 的 H 桥驱动显示设计。

【实验内容】

VFD 的 H 桥驱动显示设计实验。

【实验仪器】

（1）实验平台一台。

（2）VFD 特性测试及应用模块一套。

（3）万用表一个。

（4）连接导线若干。

（5）USB 连接线一根。

【实验原理】

（1）VFD 驱动显示包含三部分:灯丝(阴极)、栅极、阳极,其显示原理同本章实验一。

（2）本实验在其他条件不变的情况下,仅对 VFD 阴极驱动进行实验设计。

（3）VFD 阴极驱动有直流驱动和交流驱动之分,本实验针对 VFD 阴极驱动方式来设置 H 桥直流驱动。H 桥的优点在于驱动能力强,驱动电压可换向,其电路原理图如图 12-8-1 所示。

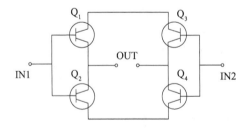

图 12-8-1　H 桥电路原理图

【注意事项】

（1）实验过程中严禁短路现象的发生。

（2）实验操作应严格按照实验指导书或在老师的指导下进行。

（3）旋转各调节旋钮时应缓慢、均匀用力。

【实验步骤】

（1）将"VFD. hex"文件烧录到模块（具体操作参考本章实验一，已烧录该文件则进行下一步）。

（2）关闭模块电源，进行接线，接线方式如下：

+5 V 电源"正"	接	+5 V(J1)
+5 V 电源"负"	接	GND(J2)
24 V 电源"正"	接	阳/栅极电源 0～24 V(J10)
24 V 电源"负"	接	GND(J2)
阴极输入 1(J9)	接	GND(J2)
H 桥驱动单元"输出 1(J5)"	接	阴极公共输入(J4)
H 桥驱动单元"输出 2(J6)"	接	阴极输入 2(J11)

注：24 V 电源采用实验平台上提供的 0～30 V 可调电源，电源调节好后严禁在实验过程中触碰 0～30 V 可调电源旋钮，以免不小心改变电压，造成实验设备损坏。实验过程中可用万用表监测 24 V 电源电压。打开电源开关，系统检测完毕后按动"模式切换"按钮使系统工作在模式 1，观察实验现象。

（3）将 VFD 单元的 20 个短路块都连接至"单片机驱动"端。

（4）用万用表监测经典 H 桥驱动单元的"输出 1(J5)"和"输出 2(J6)"之间的电压，按动"模式切换"按钮使系统工作在模式 1、2、3、4、5，记录万用表读数并观察实验现象。

【思考题】

（1）万用表读数有什么变化？

（2）若 VFD 屏较长，可能出现什么现象？该如何处理？

实验九　VFD 交流、直流驱动显示设计实验

【实验目的】

熟悉 VFD 交流、直流驱动显示。

【实验内容】

VFD 交流、直流驱动显示设计实验。

【实验仪器】

（1）实验平台一台。

（2）VFD 特性测试及应用模块一套。

（3）万用表一个。

（4）示波器一台。

（5）连接导线若干。

（6）USB 连接线一根。

【实验原理】

（1）VFD 驱动显示包含三部分:灯丝(阴极)、栅极、阳极,其显示原理同本章实验一。

（2）VFD 阴极驱动有直流驱动和交流驱动之分,当 VFD 屏体较长时,由于 VFD 静态驱动会导致阴极发射电子不均匀,从而引起 VFD 屏显示亮度不均匀的现象。有效避免该现象的方法是采用交流驱动 VFD 阴极的方式。

（3）通过本章实验八,了解到灯丝交流驱动可以通过经典 H 桥电路驱动来实现,经典 H 桥驱动单元电路原理图如图 12-9-1 所示。

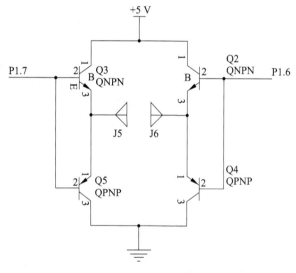

图 12-9-1　经典 H 桥驱动单元电路原理图

【注意事项】

（1）实验过程中严禁短路现象的发生。

（2）实验操作应严格按照实验指导书或在老师的指导下进行。

（3）旋转各调节旋钮时应缓慢、均匀用力。

【实验步骤】

（1）将"VFD. hex"文件烧录到模块(具体操作参考本章实验一,已烧录该文件则进行下一步)。

（2）关闭模块电源，进行接线，接线方式如下：

+5 V 电源"正"	接	+5 V(J1)
+5 V 电源"负"	接	GND(J2)
24 V 电源"正"	接	阳/栅极电源 0~24 V(J10)
24 V 电源"负"	接	GND(J2)
阴极输入 1(J9)	接	GND(J2)
H 桥驱动"输出 1(J5)"	接	阴极公共输入(J4)
H 桥驱动"输出 2(J6)"	接	阴极输入 2(J11)

注:24 V 电源采用实验平台上提供的 0~30 V 可调电源,电源调节好后严禁在实验过程中触碰 0~30 V 可调电源旋钮,以免不小心改变电压,造成实验设备损坏。实验过程中可用万用表监测 24 V 电源电压。打开电源开关,系统检测完毕后按动"模式切换"按钮使系统工作在模式 1,观察实验现象。

（3）将 VFD 单元的 20 个短路块都连接至"单片机驱动"端。

（4）用万用表监测 H 桥驱动的"输出 1(J5)"和"输出 2(J6)"之间的电压,按动"模式切换"按钮使系统工作在模式 1、2,记录万用表读数并观察实验现象。

（5）程序中模式 1 和模式 2 阴极驱动电压的变化是通过修改程序对应的部分来实现的,如图 12-9-2 所示。P1.6 和 P1.7 控制灯丝驱动方式,模式 1 和模式 2 均为直流驱动。参考源程序代码,尝试修改灯丝驱动方式为交流驱动。

```
173  void mode_1(void)//*********************VFD灯丝由H桥驱动 输出1驱动模式
174 □{
175
176       P1=0x00;  //恢复I/O口初始化
177       P2=0xff;
178       P0=0xff;
179       G1=1;
180       G2=1;
181       G3=1;
182
183       P1=0x80;
184       P0=0x00;
185       P2=0x00;
186       G0=0;
187
188  }
189
190  void mode_2(void)//*********************VFD灯丝由H桥驱动 输出2驱动模式
191 □{
192
193       P1=0x00;  //恢复I/O口初始化
194       P2=0xff;
195       P0=0xff;
196       G0=1;
197       G2=1;
198       G3=1;
199
200       P1=0x40;//第二栅显示PBC&88
201       P0=0x00;
202       P2=0x00;
203       G1=0;
204
205  }
206
```

图 12-9-2　源程序代码说明图

说明:① 阴极控制逻辑见表 12-9-1。

表 12-9-1　阴极控制逻辑表

P1.7 = 1	P1.6 = 0	Q3 导通	Q4 导通	Q2 截止	Q5 截止	J5 为"正"	J6 为"负"
P1.7 = 0	P1.6 = 1	Q3 截止	Q4 截止	Q2 导通	Q5 导通	J5 为"负"	J6 为"正"

② P0 和 P2 为 VFD 阳极控制接口。

③ G0、G1、G2、G3 为栅极控制接口。

【思考题】

(1) 万用表读数有什么变化?

(2) 尝试提高 VFD 阴极交流驱动频率。

实验十　VFD 单片机驱动显示设计实验

【实验目的】

(1) 了解 VFD 接口及控制逻辑。

(2) 掌握 VFD 单片机驱动显示设计。

【实验内容】

VFD 单片机驱动显示设计实验。

【实验仪器】

(1) 实验平台一台。

(2) VFD 特性测试及应用模块一套。

(3) 万用表一个。

(4) 连接导线若干。

(5) USB 连接线一根。

【实验原理】

(1) VFD 驱动显示包含三部分:灯丝(阴极)、栅极、阳极。灯丝(阴极)驱动在本章实验九中已经介绍,本实验主要介绍栅极和阳极的驱动方式,并结合实验九的 VFD 阴极驱动进行单片机驱动 VFD 的显示设计。

栅极单片机驱动原理如图 12-10-1 所示。

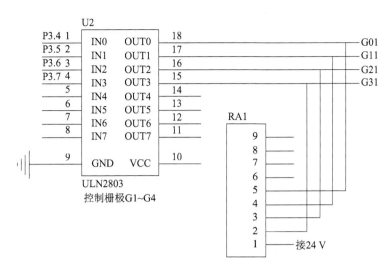

图 12-10-1　栅极单片机驱动原理图

单片机 IO 连接 U2,当对应 IO 口设置为高电平时,24 V 连接 RA1 后经过 U2 与地导通,对应栅极为低电平,VFD 对应栅不亮;当对应 IO 口设置为低电平时,24 V 连接 RA1 后经过 U2 与地不导通,对应栅极为高电平,满足 VFD 亮栅极所需条件。因此,这里的控制为反逻辑控制方式。

阳极单片机驱动原理如图 12-10-2 所示。

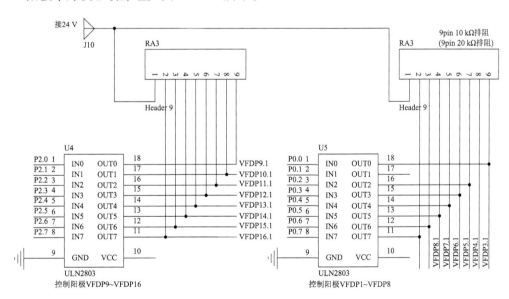

图 12-10-2　阳极单片机驱动原理图

单片机 IO 连接 U4 和 U5,当对应 IO 口设置为高电平时,24 V 连接 RA2 和 RA3 后经过 U4 和 U5 与地导通,对应阳极为低电平,VFD 对应阳极不亮;当对应 IO 口设置为低电平时,24 V 连接 RA2 和 RA3 后经过 U4 和 U5 与地不导通,对应阳极为高电平,满足 VFD 亮阳极所需条件。这里的控制方式也为反逻辑控制。

注意：栅极、阳极控制接口与 VFD 接口的连接通过短路块来实现。

（2）模块所采用的 VFD 栅极、阳极示意图如图 12-10-3 所示。

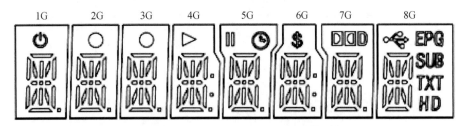

图 12-10-3　VFD 栅极、阳极示意图

（3）由于单片机驱动 VFD 为反逻辑控制，显示内容需参考阳极显示编码，VFD 阳极显示编码参考图如图 12-10-4 所示。

	1G	2G	3G	4G	5G	6G	7G	8G
P1	a	a	a	a	a	a	a	a
P2	f	f	f	f	f	f	f	f
P3	h	h	h	h	h	h	h	h
P4	j	j	j	j	j	j	j	j
P5	k	k	k	k	k	k	k	k
P6	b	b	b	b	b	b	b	b
P7	g	g	g	g	g	g	g	g
P8	s	s	s	s	s	s	s	s
P9	m	m	m	m	m	m	m	m
P10	e	e	e	e	e	e	e	e
P11	r	r	r	r	r	r	r	r
P12	p	p	p	p	p	p	p	p
P13	n	n	n	n	n	n	n	n
P14	c	c	c	c	c	c	c	c
P15	d	d	d	d	d	d	d	d
P16	Dp	Dp	Dp	Dp	Dp	Dp	Dp	⌨
P17				col		col		TXT
P18	⏻	○	○	▷	❚❚		◻◻◻	HD
P19					⏱	$		EPG
P20								SUB

图 12-10-4　VFD 阳极显示编码参考图

【注意事项】

（1）实验过程中严禁短路现象的发生。

（2）实验操作应严格按照实验指导书或在老师的指导下进行。

（3）旋转各调节旋钮时应缓慢、均匀用力。

【实验步骤】

（1）将"VFD.hex"文件烧录到模块（具体操作参考本章实验一，已烧录该文件则进行下一步）。

（2）关闭模块电源，进行接线，接线方式如下：

+5 V 电源"正"	接	+5 V(J1)
+5 V 电源"负"	接	GND(J2)
24 V 电源"正"	接	阳/栅极电源 0～24 V(J10)
24 V 电源"负"	接	GND(J2)
阴极输入 1(J9)	接	GND(J2)
经典 H 桥驱动单元"输出 1(J5)"	接	阴极公共输入(J4)
经典 H 桥驱动单元"输出 2(J6)"	接	阴极输入 2(J11)

注：24 V 电源采用实验平台上提供的 0～30 V 可调电源，电源调节好后严禁在实验过程中触碰 0～30 V 可调电源旋钮，以免不小心改变电压，造成实验设备损坏。实验过程中可用万用表监测 24 V 电源电压。

（3）将 VFD 单元的 20 个短路块都连接至"单片机驱动"端。

（4）打开电源开关，系统检测完毕后按动"模式切换"按钮使系统工作在模式 1，观察实验现象。

（5）按动"模式切换"按钮使系统工作在各个模式，观察实验现象。

（6）参考设计程序，尝试修改代码，实现不同的显示方式和显示内容。

【思考题】

结合本实验，查阅相关资料，说说单片机驱动 VFD 显示是什么逻辑，为什么？

实验十一　VFD 专用 IC 驱动显示实验

【实验目的】

（1）了解专用 IC 驱动 VFD 显示。

（2）了解 VFD 专用 IC 的结构原理。

【实验内容】

VFD 专用 IC 驱动显示实验。

【实验仪器】

（1）实验平台一台。

（2）VFD 特性测试及应用模块一套。

（3）万用表一个。

（4）连接导线若干。

（5）USB 连接线一根。

【实验原理】

（1）通过单片机控制 VFD 专用驱动芯片，由 VFD 专用驱动芯片控制 VFD 显示。

（2）VFD 专用芯片为 HT16512，芯片内部原理图如图 12-11-1 所示。

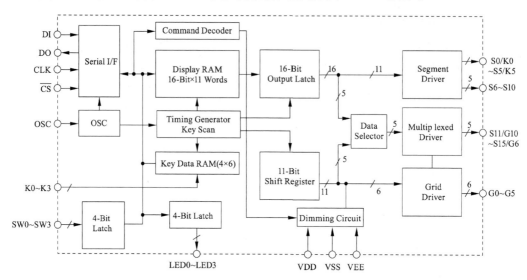

图 12-11-1　HT16512 内部原理图

【注意事项】

（1）实验过程中严禁短路现象的发生。

（2）实验操作应严格按照实验指导书或在老师的指导下进行。

（3）旋转各调节旋钮时应缓慢、均匀用力。

【实验步骤】

（1）将"HT16512. hex"文件烧录到模块（具体操作参考本章实验一，已烧录该文件则进行下一步）。

（2）关闭模块电源，进行接线，接线方式如下：

+5 V 电源"正"	接	+5 V(J1)，+5 V(J19)
+5 V 电源"负"	接	GND(J2)
24 V 电源"正"	接	GND(J18)
24 V 电源"负"	接	−24 V(J17)
−24 V(J17)	接	阴极输入 2(J11)

续

灯丝驱动单元的"＋"	接	阴极公共输入(J4)
灯丝驱动单元的"－"	接	阴极输入 2(J11)

　　注:24 V 电源采用实验平台上提供的 0 ~ 30 V 可调电源,电源调节好后严禁在实验过程中触碰 0 ~ 30 V 可调电源旋钮,以免不小心改变电压,造成实验设备损坏。实验过程中可用电压表监测 24 V 电源电压。

　　(3) 将 VFD 单元的 20 个短路块都连接至"专用 IC 驱动"端。

　　(4) 打开电源开关,调节"灯丝电流调节"旋钮,使得"灯丝输出电流"为 100 mA(可用万用表监测电流)。

　　(5) 按动"模式切换"按钮使系统工作在模式 1 和模式 2,观察实验现象。

【思考题】

描述实验过程中的实验现象,查阅资料,思考如何驱动 VFD 专用芯片。

实验十二　VFD 应用驱动设计实验

【实验目的】

(1) 掌握 VFD 专用 IC 的驱动。
(2) 掌握 VFD 专用 IC 的时序。
(3) 掌握 VFD 应用驱动设计方法。

【实验内容】

VFD 应用驱动设计实验。

【实验仪器】

(1) 实验平台一台。
(2) VFD 特性测试及应用模块一套。
(3) 万用表一个。
(4) 示波器一台。
(5) 连接导线若干。
(6) USB 连接线一根。

【实验原理】

(1) HT16512 采用单总线进行通讯,数据和命令的写时序如图 12-12-1 所示。

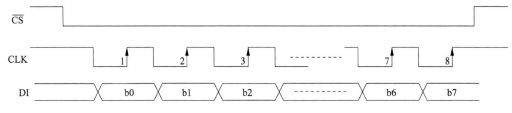

图 12-12-1　HT16512 数据和命令的写时序图

（2）HT16512 驱动有两种模式，分别是地址增量模式和固定地址模式。地址增量模式的数据更新时序图如图 12-12-2 所示。

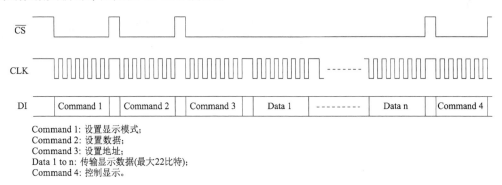

Command 1: 设置显示模式；
Command 2: 设置数据；
Command 3: 设置地址；
Data 1 to n: 传输显示数据(最大22比特)；
Command 4: 控制显示。

图 12-12-2　HT16512 地址增量模式数据更新时序图

（3）HT16512 驱动固定地址模式的数据更新时序图如图 12-12-3 所示。

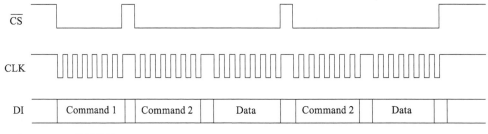

Command 1: 设置数据；
Command 2: 设置地址；
Data: 显示数据。

图 12-12-3　HT16512 固定地址模式数据更新时序图

【注意事项】

（1）实验过程中严禁短路现象的发生。

（2）实验操作应严格按照实验指导书或在老师的指导下进行。

（3）旋转各调节旋钮时应缓慢、均匀用力。

【实验步骤】

（1）将"HT16512.hex"文件烧录到模块（具体操作参考本章实验一，已烧录该文件则进行下一步)。

(2) 关闭模块电源,进行接线,接线方式如下:

+5 V 电源"正"	接	+5 V(J1),+5 V(J19)
+5 V 电源"负"	接	GND(J2)
24 V 电源"正"	接	GND(J18)
24 V 电源"负"	接	-24 V(J17)
-24 V(J17)	接	阴极输入 2(J11)
灯丝驱动单元的"+"	接	阴极公共输入(J4)
灯丝驱动单元的"-"	接	阴极输入 2(J11)

注:24 V 电源采用实验平台上提供的 0~30 V 可调电源,电源调节好后严禁在实验过程中触碰 0~30 V 可调电源旋钮,以免不小心改变电压,造成实验设备损坏。实验过程中可用电压表监测 24 V 电源电压。

(3) 将 VFD 单元的 20 个短路块都连接至"专用 IC 驱动"端。

(4) 打开电源开关,调节"灯丝电流调节"旋钮,使得"灯丝输出电流"为 100 mA(可用万用表监测电流)。

(5) 按动"模式切换"按钮使系统工作在模式 1,观察实验现象。

(6) 查阅相关资料,读懂程序,尝试修改如下位置代码(见图 12-12-4,如"0x8f"可修改为"0x88~0x8f"),程序修改完成后重新编译、链接,将新生成的烧录代码烧录到 MCU,重复上述实验步骤,观察实验现象。

图 12-12-4 VFD 应用驱动设计代码修改参考图

【思考题】

（1）MCU 与 VFD 专用 IC 之间如何进行通讯？

（2）查阅相关资料，思考 VFD 专用 IC 驱动 VFD 有几种方式。

（3）如何用示波器测量 MCU 与 VFD 专用 IC 间的控制命令？

第 十 三 章

PDP 模块实验

等离子体(plasma)是由部分电子被剥夺后的原子及原子被电离后产生的正负电子组成的离子化气体状物质。它是固、液、气三态之外,物质存在的第四态。看似"神秘"的等离子体,其实是宇宙中一种常见的物质。太阳、行星、闪电中都存在等离子体,它占整个宇宙的99%。在自然界里,炽热的火焰、光辉夺目的闪电、绚烂壮丽的极光等都是等离子体作用的结果。用人工的方法,如核聚变、核裂变、辉光放电,以及各种其他放电都可产生等离子体。等离子体是一种很好的导电体,利用经过巧妙设计的磁场可以捕捉、移动和加速等离子体。现在人们已经掌握了利用电场和磁场来控制等离子体,如焊工们用高温等离子体焊接金属。

根据等离子体喷焰的温度,可将等离子体分为高温等离子体和低温等离子体两类。

(1) 高温等离子体:温度相当于$10^8 \sim 10^9$ K 完全电离的等离子体,如太阳、受控热核聚变等离子体。

(2) 低温等离子体:包括热等离子体和冷等离子体。

① 热等离子体:稠密高压(1 个标准大气压以上),温度为$10^3 \sim 10^5$ K,如电弧、高频和燃烧等离子体。

② 冷等离子体:电子温度高($10^3 \sim 10^4$ K),气体温度低,如稀薄低压辉光放电等离子体、电晕放电等离子体。

根据等离子体中各种粒子的能量分布情况,又可将等离子体分为等温等离子体和非等温等离子体两类。

① 等温等离子体:所有的粒子都具有相同的温度,粒子依靠自己的热能做无规则的运动。

② 非等温等离子体:又称为气体放电等离子体,所有粒子都不具有热运动平衡状态。在组成这种状态的等离子体中,带电粒子要从外电场获得能量,并产生一定数目的碰撞电离来补充放电空间中带电粒子的消失。

普通气体温度升高时,气体粒子的热运动加剧,使粒子之间发生强烈碰撞,大量原子或分子中的电子被撞掉,当温度高达百万开尔文到 1 亿开尔文,所有气体原子全部被电离。电离出的自由电子总的负电量与正离子总的正电量相等。这种高度被电离的、宏观上呈中性的气体叫作等离子体。

等离子体和普通气体性质不同,普通气体是由分子构成的,分子之间的相互作用力是短程力,仅当分子碰撞时,分子之间的相互作用力才有明显效果,理论上用分子动理论来描述。在等离子体中,带电粒子之间的库仑力是长程力,库仑力的作用效果远远超过带电粒子可能发生的局部短程碰撞效果,等离子体中的带电粒子运动时,能引起正电荷或负电荷局部集中,产生电场;电荷的定向运动引起电流,产生磁场。电场和磁场会影响其他带电粒子的运动,并伴随着极强的热辐射和热传导,等离子体能被磁场约束做回旋运动等。等离子体的这些特性使它区别于普通气体,被称为物质的第四态。

1. 等离子体的特征

等离子体主要具有以下特征:

(1) 气体高度电离。在极限情况下,所有中性粒子都被电离了。

(2) 等离子体具有很大的带电粒子浓度,一般为 $10^{15} \sim 10^{16}$ 个/cm^3。由于带正电与带负电的粒子浓度接近,因此等离子体具有良导体的特征。

(3) 等离子体具有电振荡的特征。当带电粒子穿过等离子体时,能够产生等离子体激元,等离子体激元的能量是量子化的。

(4) 等离子体具有加热气体的特征。在高气压收缩等离子体内,气体可被加热到数万摄氏度。

(5) 在稳定的情况下,气体放电等离子体中的电场相当弱,并且电子与气体原子进行频繁的碰撞,因此气体在等离子体中的运动可看作热运动。

表征等离子体的主要参量如下:

(1) 电子温度。在等离子体中,电子碰撞电离是主要的,然而电子碰撞与电子的能量有直接的关系,因此电子温度是等离子体的主要参量,是用来表征电子能量的。

(2) 电离强度。它表征等离子体中发生电离的程度。具体地说,就是一个电子在单位时间内所产生电离的次数。

(3) 轴向电场强度。它表征维持等离子体的存在所需要的能量。

(4) 带电粒子浓度,即等离子体中带正电和带负电的粒子浓度。

(5) 杂乱电子流密度。它表征在管壁限制的等离子体内,由于双极性扩散所造成的带电粒子消失的数量。

2. 等离子体显示技术

等离子体显示器件(plasma display panel, PDP)是一种自发光显示器件,不需要背景光源,因此没有 LCD 视角和亮度的均匀性问题,而且实现了较高的亮度和对比度。红、绿、蓝三基色共同使用一个等离子体管的设计也使其避免了聚集和会聚的问题,可以实现非常清晰的图像。与 CRT 和 LCD 技术相比,等离子体的屏幕越大,图像的色深和保真度越高。除了亮度、对比度和可视角度优势外,等离子体技术也避免了 LCD 技术中的响应时间问题,而这些特点正是动态视频显示中至关重要的因素。因此,从目前的技术水平看,等离子体显示技术在动态视频显示领域的优势更加明显,更加适合家庭影院和大屏幕显示终端使用。

等离子体显示板是一种新型显示器件,其主要特点是整体呈扁平状,厚度在 10 cm 以内,薄而轻,重量只有普通显像管的 1/2。由于它是自发光器件,亮度高、视角宽(达到 160°),因此可以制成纯平面显示器,无几何失真,不受电磁干扰,图像稳定,寿命长。PDP 还可以产生亮度均匀、生动逼真的图像。这种器件近年来得到了很快的发展,其性能和质量也有了很大的提高,常用在高清晰度超薄电视显示器和壁挂式大屏幕彩色电视机中。

PDP 的主要优点有:固有的存储性能好,亮度高,对比度高,能随机书写与擦除,寿命长,视角大,与计算机的交互作用优秀。

3. 等离子体显示器件原理

等离子体显示器是利用气体放电原理实现的一种发光平板显示技术,故又称气体放电显示。这种屏幕采用了等离子管作为发光元件。大量的等离子管排列在一起构成屏幕。每个等离子管对应的每个小室内部充有氖氙气体。在等离子管电极间加上高压后,封在两层玻璃之间的等离子管小室中的气体会产生紫外光,从而激励平板显示器上的红、绿、蓝三基色荧光粉发出可见光。每个等离子管作为一个像素,由这些像素的明暗和颜色变化组合,产生各种灰度和色彩的图像,与显像管发光相似。

(1) PDP 的分类

等离子体显示器按照工作方式的不同,PDP 可分为直流(DC)驱动型和交流(AC)驱动型两种不同方式。

(2) PDP 的结构特点

直流型电极与放电气体直接接触,电极外部串联电阻作限流之用,发光位于阴极表面,且为与电压波形一致的连续发光。自扫描等离子体显示板(SSPDP)属于直流型 DC – PDP。直流型 PDP 的电极不加保护层,暴露于放电空间,容易实现彩色显示,节距 0.6 mm,主要用于大屏幕平板电视等。直流型 PDP 紫外线的产生效率高,但显示屏的结构比较复杂,在目前商用彩色 PDP 中已很少使用直流型 PDP 结构。直流型 PDP 结构如图 13-0-1 所示。

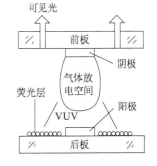

图 13-0-1　直流型 PDP 结构

交流型 AC – PDP 的放电气体与电极由透明介质层、隔离层为串联电容作限流之用,放电因受该电容的"隔直流通交流"作用,需用交变脉冲电压驱动,为此无固定的阴极和阳极之分,发光位于两电极表面,且呈交替脉冲式发光。电极材料是采用金、银、铬合金或透明的氧化锡制成。交流等离子显示板通常采用在电极表面淀积一层厚 10～50 μm 的介质层。为了保护介质层在放电过程中不受离子轰击,在介质表面再涂敷一层 MgO 保护层,MgO 的二次电子发射系数较大,采用 MgO 保护后,可以得到稳定的放电和较低的维持电压,并能延长器件的寿命。两块玻璃用衬垫保持其间隙为 80 ~ 120 μm,周边用玻璃密封,经排气、烧烤后充入 Ne – Ar 混合气体(其中 Ar 占 0.1%),气压约为 0.5 个标准大气压或更高一些。交流式 AC – PDP 显示屏单元结构如图 13-0-2 所示。

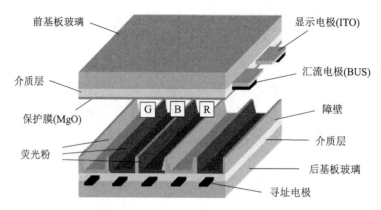

图 13-0-2　AC – PDP 显示屏单元结构图

AC – PDP 因其光电和环境性能优异,是 PDP 技术的主流。根据电极的排布,AC – PDP 可分为二电极对向放电型和三电极表面放电型两种结构,如图 13-0-3 所示。

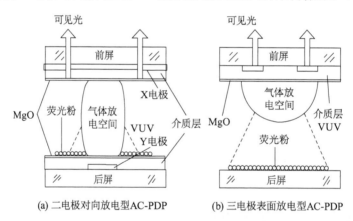

(a) 二电极对向放电型AC-PDP　　　　(b) 三电极表面放电型AC-PDP

图 13-0-3　交流驱动型 PDP

对向放电型 PDP 结构与单色结构相同,两个电极分别在相对位置的底板上,在 MgO 保护层上涂覆荧光粉,这种结构在放电时荧光粉受离子轰击会使发光性能变差,因此难以实现实用的彩色显示,同时,荧光粉淀积在 MgO 绝缘层上也会使驱动电压变得不稳定。

目前的主流彩色 PDP 为三电极表面放电型。表面放电型结构避免了对向放电型的上述缺点,显示电极位于同一侧的底板上,放电也在同侧电极之间进行。如图 13-0-4 所示,表面放电型 AC – PDP 的扫描电极 Y 和维持电极 Z(统称显示电极)位于放电介质的同一侧(如图 13-0-4 中前面板上的 2 个透明电极),使放电在前表面进行,减少了带电粒子对荧光粉的轰击;地址电极 D 位于放电介质和惰性气体的另一侧,即显示电极的对面;在显示驱动时,首先在 D 和 Y 之间产生一个较高的电压,击穿惰性气体产生放电,然后在 Y 和 Z 之间产生一个较低的电压来维持气体放电。

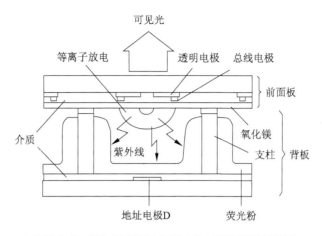

图 13-0-4 三电极表面放电型 AC – PDP 面板结构图

4. AC – PDP 工作原理

当在放电单元的电极加上比着火电压 V_f 更低的维持电压 V_s 时，单元中的气体不会着火，当在维持电压间隙加上幅度高于 V_f 的书写电压 V_{wr} 时，单元将放电发光。书写脉冲原理图如图 13-0-5 所示。

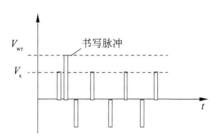

图 13-0-5 书写脉冲原理图

放电形成的电子、离子将在电场作用下分别向该瞬间加有正电压和负电压的电极移动，由于电极表面是介质，电子、离子不能直接进入电极而在介质表面累积起来，形成壁电荷，壁电荷产生与外加电压极性相反的壁电压，这时，放电空腔上的电压为外加电压和壁电压之和。当反向的下一个维持电压脉冲到来时，上一次放电形成的壁电压与此时的外加电压同极性，叠加后电压峰值大于点火电压 V_f，单元再次放电发光，AC – PDP 工作原理如图 13-0-6 所示。

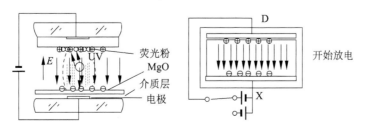

图 13-0-6 AC – PDP 工作原理图

因此,单元一旦由书写脉冲电压引燃,只需要维持电压脉冲就可维持脉冲放电,这个特性称为 AC – PDP 单元的存储特性,如图 13-0-7 所示。

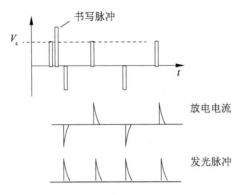

图 13-0-7　书写脉冲示意图

要使已放电的单元熄灭,只要在下一个维持电压脉冲到来之前给单元加一窄幅(脉宽约 1 μs)的放电脉冲,使单元产生一次微弱放电,将储存的壁电荷中和,又不形成新的反向壁电荷,单元将中止放电发光,如图 13-0-8 所示。

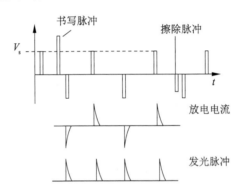

图 13-0-8　擦除脉冲示意图

PDP 单元虽是脉冲放电,但在一个周期内发光两次,通常维持电压脉冲的宽度为 5 ~ 10 μs,幅度为 90 ~ 100 V,主要工作频率范围为 30 ~ 50 kHz,因此光脉冲重复频率在数万次以上,人眼不会感到闪烁。

彩色 PDP 显示的工作过程主要包括给电极间施加电压、气体放电、紫外线产生、可见三基色光的产生等环节,最后经空间混色得到显示的图像。彩色 PDP 显示工作过程如图 13-0-9 所示。

图 13-0-9　彩色 PDP 显示工作过程

彩色 AC – PDP 要实现图像的显示,首先必须根据显示数据对显示屏上的单元进行选择,即寻址。寻址的目的是选择所要点亮的单元或不点亮的单元,即选择在要点亮的单元中形成壁电荷或保留壁电荷,直到维持期,使得维持放电得以进行。在维持期,积累了壁电荷的单元会发生维持放电,实现图像的显示。

5. 等离子灯

近几年来,随着多媒体和光电显示技术的发展,PDP 以其卓越的性能受到了广泛的关注。等离子灯是近年在能源领域崛起的一种新型电磁波激发无电极玻璃灯球内的发光物质,从而令发光物质产生连续可见光谱,同时只发出微量紫外线 UV 和红外线 IR,是一种高效能照明系统。

最常见的等离子灯为球形或圆柱形。虽然等离子灯种类繁多,但通常是一个清透的玻璃球,里面充以各种气体的混合物——最常用的为氖气和氙气,有时会采用低压的氩气和氖气(低于 0.01 个标准大气压),再通以由高压变压器产生的高频率高电压的交流电 (35 kHz,2 kV ~ 5 kV),另一个较小的球体位于其中央作为电极,丝状等离子体从内部的电极延伸至外面的玻璃绝缘外壳,呈现出多条稳恒的彩色光线束。光线最初沿着双极子间的电场线传播,但之后在对流的影响下会向上移动。

将手靠近等离子灯会改变高频电场,使一根光线束从内部的球体迁移到接触点上,接近玻璃球的任何导体都会在其内部产生电流,因为玻璃不能阻隔通过等离子体传导的电流所产生的电磁场(尽管绝缘体确实阻隔了电流本身)。玻璃在离子化的气体和手之间起到了电介质的作用,就像电容器一样。

把电子设备(比如计算机鼠标)靠近或放置在等离子灯上面时要特别小心,因为不只是玻璃壳会发热,高电压还会导致设备上积存大量静电,即使有塑料保护外壳也一样。

实验一　PDP 演示实验

【实验目的】

(1)熟悉 PDP 的工作原理。
(2)熟悉 PDP 的发光特点。

【实验内容】

PDP 演示实验。

【实验仪器】

(1)实验平台一台。
(2)PDP 模块一套。

【实验原理】

等离子体是由自由流动的离子(带电的原子)和电子(带负电的粒子)组成的气体。

物质是由分子组成的,一个分子可以包含一个或多个原子,而一个原子则是由原子核和若干个核外电子组成的。原子核带正电,电子带负电,原子呈电中性。物质在气态时,电子在电场束缚下围绕原子核旋转。如果气体被加热、加电磁场或被紫外线、放射性射线照射,其电子的热运动动能就会增加,一旦电子的热运动动能超过原子核对它的束缚,电子就成为自由电子,这种过程称为电离。如果气体中的所有原子都被电离,就称为完全电离;如果只有部分原子被电离,则称为部分电离。被电离的原子数与总原子数之比称为电离度。电离度为100%时,气体被完全电离,成为等离子态,也称为等离子体。这是最严格定义的等离子体,在实际应用中,部分电离的气体只要满足一定的条件,都统称为等离子体。等离子体中,失去电子的原子称为离子。

PDP是一种利用气体放电的显示技术,其工作原理与日光灯很相似。它采用等离子管作为发光元件,屏幕上每一个等离子管对应一个像素,屏幕以玻璃作为基板,基板间隔一定距离,四周经气密性封接形成一个个放电空间。放电空间内充入氖、氙等混合惰性气体作为工作媒质。在两块玻璃基板的内侧面上涂有金属氧化物导电薄膜作为激励电极。当在电极加上电压时,稳定等离子体中有电流穿行,带负电的粒子会冲向那些带正电粒子的区域,而带正电的粒子也会冲向那些带负电粒子的区域,双方的粒子不断地进行着撞击。这些撞击激发了等离子体中的气体原子,促使它们发光。在等离子体状态时,离子与电子的结合会发出紫外线。

【注意事项】

(1) 模块应轻拿轻放,以免造成损坏。

(2) 应按照实验指导书或在老师的指导下进行实验。

(3) 实验开始前应关闭等离子灯开关。

(4) 若因操作不当或其他原因出现异常,应立即断开电源并报告老师,排除故障后再做实验。

(5) 实验结束后,应关闭开关,断开电源。

(6) 请勿把电子设备(如计算机鼠标)靠近或放置在等离子灯上面。

【实验步骤】

(1) 将等离子灯电源插座接到220 V市电。

(2) 按下等离子灯开关,观察等离子灯的发光现象。

(3) 用手触摸等离子灯球,观察等离子灯的发光现象及变化。

【思考题】

(1) 等离子灯发光的原理是什么?

(2) 用手触摸等离子灯球时,等离子灯发光现象变化的原因是什么?